Ralf Reinmuth · Gerald Wirag

Modellbahn-Basteleien

Ralf Reinmuth · Gerald Wirag

Modellbahn-Basteleien

Kleine Details mit großer Wirkung

Band 1

transpress

Einbandgestaltung: Andreas Pflaum
Titelbilder: Ralf Reinmuth, Heinz D. Kupsch
Rücktitelbilder: Ralf Reinmuth

Soweit nicht anders vermerkt, stammen alle Abbildungen von den Autoren.

ISBN: 3-613-71136-2

3. Auflage 2002

Lektorat: Claus-Jürgen Jacobson
Innengestaltung: Viktor Stern
Scans: digi bild reinhardt, 73037 Göppingen
Druck: Fotolito LONGO, I-39100 Bozen
Bindung: Fotolito LONGO, I-39100 Bozen
Printed in Italy

Vorwort

Wir beide...

... haben als Kind wie viele andere eine Märklin-Startpackung mit ihrem typischen Gleisoval geschenkt bekommen und spielten schon damals mit viel Spaß stundenlang damit. Als Teenager testeten wir mehrmals andere Spurweiten und Stromsysteme und sammelten so viele Erfahrungen. Jeder Modellbahner erlebt unser gemeinsames Hobby anders und hat dennoch seinen Spaß daran, genau so wie wir. Unabhängig voneinander wollten wir beide unsere Freude und unser erarbeitetes Wissen mit anderen teilen. Deshalb traten wir in den Modelleisenbahnclub Herrenberg ein. Dort lernten wir uns kennen. Gemeinsam mit anderen Vereinsmitgliedern bauten wir eine große Modulanlage in Nenngröße N, die inzwischen schon auf vielen Ausstellungen zu Gast war. Daneben unternahmen wir gemeinsam viele Fototouren zum großen Vorbild. Eins ist bis heute geblieben: der Spaß und die Freude am Hobby.

Dieses ist...

... unser erstes Buch, mit dem wir unseren Spaß an der Modellbahn zeigen und andere für dieses Hobby begeistern wollen. Das scheint uns gelungen zu sein, denn mittlerweile erscheint es in dritter Auflage. Die positive Resonanz auf unser Erstlingswerk ermutigte uns, noch einen zweiten Band folgen zu lassen. Besonders haben wir uns über die begeisterten Zuschriften junger Modellbahner gefreut, denn sie zeigen, dass die Modellbahn ein Hobby mit Zukunft ist!

Unser Rezept...

... ist einfach, aber wirkungsvoll: Bei unseren Ausflügen zum großen Vorbild entdeckten wir viele Details, die es nicht als Modell gab. Wir machten aus der Not eine Tugend und bauten die Kleinigkeiten selbst. Dabei war uns die Wirkung einer Sache wichtiger als eine perfekte Umsetzung. Darüber hinaus spielte stets die finanzielle Seite eine wichtige Rolle. So war es unser Ziel, mit wenig Aufwand und möglichst geringen Kosten zum bestmöglichen Ergebnis zu kommen. Außerdem sollten die kleinen Accessoires nachträglich in eine bereits vorhandene Modellbahn eingefügt werden können.

Wir wollen hier aber keine genau einzuhaltenden Bauanleitungen vorgeben, sondern jeden Modellbahner dazu anregen, mit offenen Augen die Umwelt zu betrachten, denn überall gibt es Neues zu entdecken, das einen Nachbau lohnt. Die Kleinigkeiten entstehen mit wenig Aufwand innerhalb kurzer Zeit und entlasten durch ihre geringen Materialkosten außerdem das Hobbybudget.

Natürlich können dabei Anfänger die Details am Rande einfacher nachbilden und ihre Fingerfertigkeit üben, während Fortgeschrittene ihre Nachbildung gerne perfektionieren dürfen. Wir haben bei den hier vorgestellten Basteleien keinen Wert auf absolute Perfektion gelegt, sondern wollten mit handelsüblichen Materialien aus dem Spielwarengeschäft die Wirkung unserer Details zeigen.

Und nun wünschen wir viel Spaß beim Lesen und Nachbauen!

Inhalt

»Güter gehören auf die Bahn«

»Entdecke die Welt!«

Visitenkarte der Eisenbahn

Am Bahnhof

Ausflüge zum großen Vorbild beginnen immer wieder am Bahnhof. Einerseits lassen sich dort Züge am einfachsten betrachten und fotografieren, andererseits ist der Zugang zur Eisenbahn nirgends einfacher als dort. Zeit und Geduld sollte ein Eisenbahnnarr freilich auch hier mitbringen, denn meist liegen zwischen den einzelnen Fotomotiven einige Fahrplanlücken. Doch ein aufmerksamer Beobachter kann und sollte diese Zeiten sinnvoll nutzen und den Bahnhof einmal genauer unter die Lupe nehmen. Denn jeder Bahnhof hat seine Eigenheiten und sein persönliches Flair, welches auch von den vielen Kleinigkeiten links und rechts des Fahrmaterials bestimmt wird. Leider werden diese Feinheiten gerne übersehen und ein Bahnhof auf Empfangsgebäude, Güterschuppen, Bahnsteige und eventuell ein Bahnbetriebswerk reduziert. Doch in Wirklichkeit bestehen diese typischen Bahnsymbole außer aus einem Gebäude auch aus sehr vielen Details.

Beim Nachbau im Modell beschränken wir uns dabei lediglich auf die sichtbaren und nicht in den Häusern befindlichen Motive. Das Empfangsgebäude hält eine unendlich lange Liste von zu entdeckenden und zum Nachbau anregenden Details bereit. Dazu gehören beispielsweise Bahnsteigsperren mit Kartenverkaufshäusern und Elektrokarren für die Gepäckwagenentladung in der Epoche Drei oder in der heutigen Zeit Fahrkartenautomaten. Auch schmückendes Beiwerk wie Blumenkästen, Werbeplakate oder Wegweiser sollten nicht übersehen werden. Der Güterbereich hat ebenfalls mehr als den weithin sichtbaren Schuppen zu

bieten, doch fällt das Entdecken in den meisten Bahnhöfen schwer, da viele Güteranlagen abgebaut wurden. In früheren Zeiten jedoch waren kleine Gleiswaagen, Lademaße und Ladestraßen in jedem Güterbereich zu finden. Ebenfalls waren überall kleine oder große Kräne in den verschiedensten Bauarten vorhanden. Gleisüberwege aus Holzbohlen, Palettenstapel oder zwischen den Gleisen liegengebliebene Schüttgüter zeugten vom Leben im Güterteil. Ladegut aus Baumstämmen oder Kohlehaufen des örtlichen Brennstoffhändlers waren allerorts zu finden und sind leicht im Modell umzusetzen.

Interessant auch, wie viele baulich verschiedene Prellböcke in einem Bahnhof und seinen Abstellgleisen erbaut und gleichzeitig eingesetzt wurden. Die Baumaterialien Stahl, Holz und Stein wurden dabei in den verschiedensten Varianten verwendet. Bei einem Erkundungsgang entlang der Gleisanlagen fallen dem aufmerksamen Betrachter auch Kleinigkeiten wie Sprechsäulen, Weichenheizungen oder Verteilerkästen auf. Sie sind, wie auf den nachfolgenden Seiten beschrieben, zum Nachbau geeignete Objekte, die auch im Modell die Atmosphäre des großen Vorbildes vermitteln können.

Alle Details aufzuzählen, die es auch heute noch in einem Bahnhof zu entdecken gibt und die einen Nachbau wert sind, würde den Umfang sprengen. Daher unser Ratschlag: Bei der nächsten Fototour das Augenmerk auch auf die kleinen Details am Rande legen und diese im Bild festhalten, denn wer weiß, wann auch diese »Kleinigkeiten« abgebaut werden und nur noch Vergangenheit sind. Übrigens: Veränderungen durch Abbau, Rationalisierung oder gar Stilllegung sind es ebenfalls wert, beachtet zu werden – schließlich ist auch die neue Bahn längst dazu übergegangen, mit dem kleinstmöglichen Aufwand vollendete Tatsachen zu schaffen und kommt damit dem Modellbahner unbewusst entgegen.

Auf jeden Fall macht diese detektivische Kleinarbeit sehr viel Spaß und bringt ständig neue Anregungen für den Nachbau im Kleinen.

»Waggon-Recycling«

Das Vorbild

Die meisten Waggons, die von der Eisenbahn ausgemustert werden, gehen über kurz oder lang den Weg allen alten Eisens. Doch mitunter beginnt für die ausrangierten Fahrzeuge auch ein zweiter Frühling. Personenwagen finden als Gartenhäuschen, mitunter auch als »richtige Wohnstatt« Verwendung, Güterwagen werden zu Lagerschuppen bei Firmen oder auch der Bahn selber umfunktioniert. Zuweilen landen auch sie in den Schrebergartenanlagen links und rechts der Bahngleise. Ist die Nutzung nur vorübergehender Natur, bleiben die Wagenkästen zumeist auf ihren Achsen. Werden die Fahrzeuge jedoch dauerhaft und womöglich weitab der Gleise weiter verwendet, so überlebt oft nur der Wagenkasten selbst. Noch heute finden sich derartige Behelfsbauten viel häufiger, als man zunächst annehmen möchte. Je nach Standort finden sich vom gepflegten bis hin zum fast zugewachsenen »Bauwerk« alle Erhaltungszustände. In der Nachkriegszeit griff man besonders häufig auf alte Eisenbahnwaggons zurück, weil man so schnell zu einem Dach über dem Kopf kam. Ihnen wurden die vielfältigsten Aufgaben zuteil und so sind alle Variationen der Nutzung vom Büro über den Wohnwagen bis zum Behelfsstellwerk denkbar.

Für Eisenbahnhistoriker sind diese zweckentfremdeten Wagen besonders interessant, denn viele dieser oft jahrzehntelang schlummernden, eingemauerten oder gar auf Truppenübungsplätzen ins dichte Grün eingewachsenen Fahrzeuge entpuppen sich als historisch einmalige Stücke.

Der Nachbau im Modell

Ein Schuppen aus einem »alten« Güter- oder Personenwagen stellt auf jeder Modellbahnanlage einen besonderen Blickfang dar, ist einfach zu bauen und bietet eine günstige Gelegenheit, Reste aus der Bastelkiste sinnvoll zu verwerten.

Dieser ehemalige G 10 fristet sein Dasein als Geräteschuppen in einem Ziergarten.

Das vorgestellte N-Modellarrangement aus einem alten bayerischen Güterwagen mit einem aufgesetzten Dach stellt den Lagerschuppen einer kleinen Bahnmeisterei dar.

So eignet sich zum Beispiel der nur mäßig detaillierte und intensives Spielen womöglich angeschlagene Güterwagen aus der Anfangspackung von einst bestens für diesen Zweck. Zunächst sucht man einen geeigneten Standplatz auf der Modellanlage, dann kann es auch schon los gehen. In unserem Beispiel wurde ein alter bayerischer Länderbahn-Hochbordwagen (Baugröße N) mit einem Dach zum Lagerschuppen eines mittleren Bahnhofes umgestaltet. Für das Dach genügt dünner Karton, der passend zugeschnitten und verklebt wird.

Unabdingbar für das Aufstellen ist ein passender Untergrund, der allerdings je nach Verwendungszweck vom Gras über losen Sandboden bis hin zum festen gemauerten oder betonierten Sockel reichen kann. Wird aus dem Fahrzeug ein Büro, empfiehlt es sich, einen etwa 5 mm hohen Sockel (aus Holz oder Schaumstoff) vorzusehen, möglich ist auch die Verkleidung des Fahrwerkes mit Mauerplatten. Aus kleinen Holzprofilen oder Streichhölzern entstehen die Anbauten. Ist der Rohbau fertig, gönnt man dem Ensemble eine farbliche Behandlung. Zum Abschluss erfolgt noch die Ausgestaltung der Szenerie - hier sind dem Erbauer keinerlei Grenzen gesetzt, erlaubt ist, was gefällt.

Randwege aus Kabelschächten

Das Vorbild

Entlang des Gleisbettes sind häufig Kabelschächte zu finden. Aus Betonfertigteilen in U-Form hergestellt und mit Abdeckplatten ebenfalls aus Beton versehen, erfüllen sie zwei Aufgaben. Zum einen bilden sie einen geräumigen Kabelschacht für Leitungen verschiedener Art. Da die Abdeckplatten nur auf die Betonfertigteile aufgelegt sind, lassen sich die Schächte bei allfälligen Wartungsarbeiten problemlos öffnen. Zum anderen dienen die Abdeckplatten als Fußweg zur Streckenkontrolle.

In der Regel liegen die Schächte am äußeren Rand des Planums und sind in feinem Kies gebettet. Die Höhe des sichtbaren Teiles beträgt etwa 25 cm, die Breite 30 cm. Je nach Bahnlinie oder Gesellschaft sind die Abdeckplatten verschieden, üblich sind Maße von 30 cm bis 60 cm. An Stellen, an denen Kabel ein- oder ausgeführt werden (z.B. für Signale), können Verteilerschächte eingebaut sein. Häufig wird dafür aber auch nur seitlich eine Öffnung in den Grundkörper geschlagen.

Der Nachbau im Modell

Will der Modellbahner absolut vorbildgetreu sein, dann sollte er starke Nerven haben: Denn das massenweise Aneinanderfügen kleiner Steinchen ist zwar vorbildgerecht, aber viel zu umständlich. Es geht auch einfacher und schneller: Grundlage ist ein Kantholz mit 3x3 mm Kantenlänge (H0). Als Arbeitshilfe dient ein einfaches Brettchen mit mindestens 10 cm Länge. Auf diesem Brett zeichnet der Bastler im Abstand von etwa 7 mm kleine Striche. Als Werkzeug ist eine sehr feine Säge oder, noch besser, eine kleine Dreikant-Feile nötig.

Nach diesen Vorarbeiten kann es los gehen: Mit der Säge/Feile wird das Kanthölzchen so eingeritzt, dass der Eindruck von einzelnen Abdecksteinen entsteht. Als Orientierung dient das Brett mit den Strichen: Genau gepeilt und mit sauber angelegtem Werkzeug erspart es das Anzeichnen jedes Ritzchens. Durch immer gleiche Werkzeugbewegung wird eine einheitliche Tiefe von ca 0,5 mm erreicht.

Anschließend wird das Leistchen mit Schleifpapier (Körnung 120) fein geschliffen, ohne dass die Kanten verloren gehen. Damit sind die eigentlichen Arbeiten auch schon abgeschlossen und der Kabelkanal zum Einbau bereit. In geraden Gleisabschnitten wird das Holz einfach neben das Gleis geklebt. Im Bogen ist es je nach Krümmung nötig, das Leistchen vorzubiegen, in engeren Radien muss das Leistchen gegebenenfalls zentimeterweise verlegt werden. Den Abschluss bildet der Anstrich mit betongrauer Farbe und die Imitation der Kiesbettung mit feinem

Streckenläufer und Fotograf treffen sich zufällig an der Strecke. Der neugierige Eisenbahnenthusiast nutzt die günstige Gelegenheit, um dem Fachmann einige Informationen zum Thema Kabelkanal zu entlocken.

Sand. Hier und da noch ein paar Grasfasern und kleinste Büsche, auch eine dezente Alterung mit rostbraunen bis grüngelb moosigen Farbtönen ist nicht falsch – und schon ist die Heimanlage um ein schönes Detail reicher, das zudem so gut wie nichts kostet und kaum Zeit in Anspruch nimmt.

Schienenüberwege

Das Vorbild

Schienenüberwege verschiedenster Form sind ein beliebtes Modellthema. Beim großen Vorbild dienen sie dazu, den Übergang über das Gleis möglichst gefahrlos und bequem zu machen. Da sie in vielfältiger Ausführung zu finden sind, verdienen sie eine genauere Betrachtung.

Drei Unterscheidungskriterien erleichtern dem Modellbahner die Auswahl eines Überweges für den Nachbau: Da ist zunächst die Bauart – Holzbohlen, Beton und Kunststoff sind die häufigsten Baustoffe, seltener werden geteerte Varianten mit L-Profilen als Abschluss verwendet. Zweites Kriterium ist der Verwendungszweck: Öffentliche Übergänge finden sich meist in Bahnhöfen als Zugang zu den Bahnsteigen, nichtöffentliche Überwege z. b. in Bahnbetriebswerken. Schließlich unterscheiden sich Überwege je nach der Epoche. Die Kombinationsmöglichkeiten sind also vielfältig, es sollte aber folgendes beachtet werden, Holzüberwege sollten im Bw vorgesehen werden, auch eignen sie sich für zweitrangige Bahnstationen aller Epochen sowie als Behelfsüberwege an Baustellen. Beton- und Kunststoffüberwege sind bei größeren Stationen oder bahntechnischen Anlagen jüngeren Datums bestens aufgehoben. Interessante Vorbildgegebenheiten sind Kombi-

Dieses interessante Vorbild für einen Schienenüberweg verbindet den Hausbahnsteig des Bahnhofes Reutlingen mit einem Inselbahnsteig. Die unterschiedliche Ausführung der Übergänge aus Kunststoff und Beton ist gut zu erkennen. Die Schranke sperrt den Übergang ab, da eine Unterführung zum Erreichen des Inselbahnsteiges vorhanden ist.

nationen der verschiedenen Bauarten hintereinander. Beachtung sollte auch der Bauausführung geschenkt werden: so ist die Bauhöhe meist eben mit der Schienenoberkante, die Breite beträgt mindestens 1,2 m. Ganz wichtig ist schließlich der Kupplungsfänger: Er ist mittig an jeder offenen Seite plaziert und lenkt eventuell herunterhängende Kupplungsteile nach oben ab. Bahnsteigübergänge sind häufig rechts und links des Überweges mit Zäunen aus Schienenprofilen abgesperrt.

Der Nachbau im Modell

Aufgrund der Maßtoleranzen der verschiedenen Modellbahnhersteller geben wir eine baugrößenunabhängige Baubeschreibung, so dass der Nachbau leicht in jedem System und jeder Baugröße nachvollziehbar wird. Wichtigstes Grundmaß ist die mögliche Baubreite des Überweges zwischen den Schienen: Sie wird am besten mit dem Fahrzeug ermittelt, das den geringsten Innenabstand der Räder aufweist. Ist das Fahrzeug ausgesucht, wird das aufgegleiste Modell mit den Spurkränzen gegen eine Schiene gedrückt. Nun misst man den Abstand von dieser Schiene bis zur Innenkante des gegenüberliegenden Rades, gibt diesem Maß noch eine Sicherheitsreserve von ca. 1 mm hinzu und erhält so die Breite des Überweges.

Auch die Höhe des Überweges ermittelt der Bastler am besten durch Ausprobieren. Faustregel: Der Überweg darf nicht über die Schienenoberkante ragen, ggf. muss der Überweg sogar tiefer liegen, damit sich keine Kupplungsteile verhaken oder Züge beim Überfahren ungewollt entkuppelt werden. Bei Mittelleiterbetrieb ist zu beachten, dass die Punktkontakte höher liegen als der Überweg.

Furnierreste, die meißt kostenlos aus der Schreinerei zu bekommen sind, eignen sich optimal als Rohstoff zum Herstellen eines Überweges aus Holzbohlen.

Auch schwierigere Weichenstraßen sind einfach mit einem Überweg zu versehen.Das Grenzzeichen wird einfach auf den Bohlenweg gesetzt und gegebenfalls mit einer gelben Warnmarkierung versehen.

Als Basis für den Übergang eignet sich dünnes Holz oder Karton. Dieses Material wird passend zugeschnitten und mittig zwischen die Schienen geklebt. Je nach gewähltem Vorbild werden als Deckmaterial dünnes Furnier (Bohlenimitat), Riffelblechplatten (Kunststoffüberwege) oder gefärbter Gipsbrei (betonierte Überwege) auf die Basis geklebt bzw. aufgebracht. Danach steht noch eine farbliche Nachbehandlung an, wobei dunkle, rostig-ölige Töne zu bevorzugen sind. Nun sollte noch die Nachbildung des Kupplungsfängers angebracht werden, dann ist der Überweg begehbar und wartet eigentlich nur noch auf die entsprechende (Warn-) Beschilderung.

Die Besonderheiten durch den Mittelleiterbetrieb sprachen wir schon an, hier ist des Bastlers Fantasie gefragt, um zum gewünschten Ergebnis zu gelangen. Beim Nachbau eines betonierten Überweges empfiehlt sich statt des Gipsbreis die Verwendung fein geschliffenen Holzes, in das für die Punktkontakte 0,5 mm starke Löcher gebohrt werden. Und noch ein Tipp: Überwege egal welcher Form eignen sich vorzüglich als Tarnung von Entkupplungsgleisen. Mit etwas Geschick kann auch der mechanische Teil des Entkupplers beklebt werden, sodass dieser optisch gar nicht auffällt. Es muss jedoch auf eine einwandfreie Funktion geachtet werden.

Lademaß

Das Vorbild

Praktisch jede Güterabfertigungsanlage besaß einst ein Lademaß und noch heute sind die charakteristischen Metallgerüste vielerorts zu entdecken. Lademaße dienen dem Überprüfen der Ladebreite und -höhe aller beladenen offenen Güterwagen, sie können aber auch zum Prüfen einer Lademaßüberschreitung verwendet werden, eine willkommene Vorbildsituation, die auch den »Modellbahndienstalltag« interessanter machen kann.

Weil es beim großen Vorbild verschiedene Umgrenzungsprofile gibt (z.B. gilt in Frankreich ein anderes Profil als in Deutschland, auch kann die Begrenzung einer zweigleisigen elektrifizierten Hauptbahn von der einer eingleisigen Nebenbahn abweichen etc.), verfügen moderne standardisierte Lademaße über schwenkbare Flügel, die verschiedene Lichtraumbegrenzungen aufweisen.

Der Nachbau im Modell

Der Nachbau der zuletzt erwähnten Lademaße mit mehreren Flügeln ist mit einem gewissen Aufwand verbunden, doch bietet die Zubehörindustrie gerade diese Form in allen Baugrößen als Bausatz an, so dass wir darauf nicht näher eingehen. Wir widmen uns vielmehr einem einfachen starren Lademaß – diese werden nur als Kleinserienmodell angeboten, die Vorbilder sind andererseits jedoch einfach nachzubauen und geben einer Modellgüterabfertigung ein individuelles Gepräge. Als Standort eignen sich kleine ländliche Bahnhöfe, auch Privatbahnhöfe mit Güterabfertigung sind für diese Lademaße prädestiniert. Nachgebaut wurde das Modell in Baugrösse N (1:160), als Baumaterialien benötigen wir lediglich ein Doppel-T-Kunststoffprofil (1,5 x 1,0 mm), Balsaholz (16 x 5 x 2 mm), und Draht (0,5 mm). Hinzu kommen graue und gelbe Farbe, Kunststoff- und Sekundenkleber und gegebenenfalls Lötkolben und Lötzinn. Weitere Werkzeuge sind: Messschieber, Bohrer (1,5 und 0,5 mm), Bastelmesser, Kneifzange, Pinzette, eine Feile und ein Pinsel.

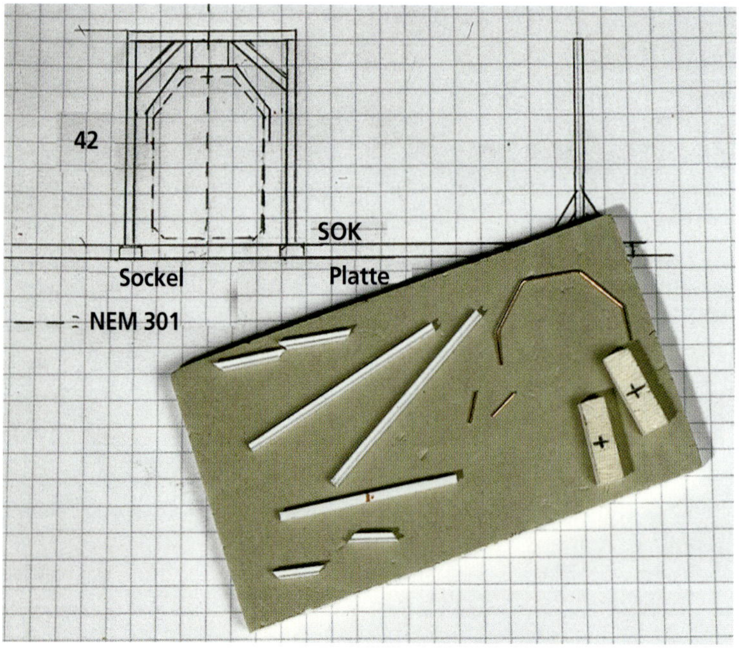

Ein Selbstbaulademaß der einfachsten Ausführung, aber ohne Zeichnung geht es hier nicht. NEM-Normen sind eine wichtige Hilfe, eine Auswahl der wichtigsten Normen befindet sich am Schluss des Buches.

Das fertige N-Modell eingebaut in eine Ladestraße.

Der Aufbau beginnt mit dem oberen Träger der später auf den Standpfosten aufliegt. Er ist 35 mm lang und erhält zwei Bohrungen, um das Messteil aufzunehmen. Jeweils 14 mm von jeder Außenkante wird ein Loch in eine unprofilierte Seite gebohrt, es genügt eine sehr geringe Tiefe. Als nächstes werden die beiden 44 mm langen Standpfosten angefertigt, sie werden mit dem oberen Träger, dessen Bohrungen nach innen zeigen müssen, zu einem U verklebt. Nun folgen zwei 10 mm lange Profilstücke, die an den Enden im 45°-Winkel zu einer Seite hin schräg geschnitten werden. Sie werden in die Ecken des U-Grundrahmens geklebt. In gleicher Weise werden vier 5 mm lange Profilstücke angefertigt, sie dienen als Stützen des Lademaßes.

In den Sockel aus Balsaholz bohrt der Bastler mittig ein Loch mit 1,5 mm Durchmesser, in das nun das Lademaß gesteckt wird. Die sichtbare Höhe ab Sockel beträgt 40 mm. Nun werden noch die zuvor gefertigten Stützen angeklebt, dann ist der erste Teil geschafft.

Es folgt der zweite (und schwierigere) Teil, nämlich das eigentliche Messteil. Grundlage ist die NEM-Norm 301 (siehe Anhang), auf deren Grundlage eine Zeichnung erstellt wird, die je Seite und Baugröße 1-2 mm größer als angegeben ist. Nach dieser Zeichnung biegt der Bastler aus 0,5 mm-Draht die Lehre in Form eines abgeschrägten U. An dessen Oberkante werden nun mittig in 8 mm Abstand zwei Stege zum Verbinden des Messteiles mit dem Außenrahmen gelötet oder mit Sekundenkleber geklebt. Abschließend werden die beiden Bauteile miteinander verklebt.

Nach dem Trocknen wird das Lademaß grau lackiert und/oder rostfarbig gealtert. Gelbe Warnmarkierungen bringen, sofern gewünscht, ein wenig Farbe ins Spiel. Nun ist das Werk fertig zum Einbau, zum Ausrichten nutzt man am besten ein Modell mit geschlossenem Aufbau oder eine E-Lok mit eingezogenen Stromabnehmern. Festgeklebt und ausgerichtet kann nun mit der ausführlichen Vermessung des beladenen Wagenparks begonnen werden.

Gleiswaage

Das Vorbild

Mindestens ebenso wichtig wie ein Lademaß sind Gleiswaagen, daher sind auch sie in praktisch jeder Ortsgüteranlage zu finden. Mit der Gleiswaage wird einerseits die Einhaltung des zulässigen Ladegewichtes überwacht, andererseits das tatsächliche Ladegewicht ermittelt und damit der zu erhebende Beförderungspreis der Fracht errechnet. Vorbildgleiswaagen bestehen aus einer beweglichen Wiegefläche und der Waage selbst, die entweder in einem kleinen Waghäuschen untergebracht ist oder aber offen neben dem Wiegegleis steht. Auch die Ausführung der Wiegeflächen ist verschieden, komplette Wiegeflächen sind ebenso zu finden wie

Ausführungen, bei denen lediglich die Spurkränze der Wagen auf Wiegeflächen auflaufen. In der Baulänge sind die Gleiswaagen meist für die Aufnahme zweiachsiger Güterwagen ausgelegt. Zur Grundausstattung gehört schließlich noch ein drehbares Sh0-Signal, damit ein zu verwiegender Wagen nicht bewegt wird.

Der Nachbau im Modell

Die vorgestellte Gleiswaage wurde wieder in der Baugröße N (1:160) erstellt und zeigt eine Spurkranzwaage ohne Wiegehäuschen. Um die auf der Anlage verkehrenden vierachsigen Eaos-Wagen verwiegen zu können, wurde das Modell ein wenig verlängert, daher wird auf eine genaue Längenmaßangabe verzichtet, als Berechnungsgrundlage kann von einer Vorbildlänge von 8,0 m ausgegangen werden. Die Modellumsetzung ist von verschiedenen Faktoren abhängig: Das verwendete Gleismaterial ist ebenso zu berücksichtigen wie ein eventuell vorhandener Mittelleiter. Der nachträgliche Einbau in eine Anlage ist schwieriger, daher liegt dieser Beschreibung der Einbau bereits bei Planung der Anlage zu Grunde, doch kann ein nachträglicher Einbau daraus leicht abgeleitet werden.

Der Grundsockel der Waage besteht aus dünnem Holz. An der Stelle der Waage werden die Schwellen unter den Schienen entfernt und durch das Holz ersetzt. Es wurde zuvor betongrau lackiert und wird eingeklebt. Nun beginnt die Feinarbeit: Aus dünnem Karton werden auf den Innenseiten der Schienen Auflaufflächen für die Spurkränze geklebt (je nach Baugröße 1-2 mm dick). Im Gegensatz zum großen Vorbild sollte darauf geachtet werden, dass die Modellspurkränze nicht auflaufen. Zwischen die Auflaufflächen kommen quadratische Deckplatten aus Riffelblechimitat, aus 0,5 mm dünnem Kunststoff entstehen 2 x 1 mm große Scharnierattrappen, die zwischen die äußerste und die zweite Deckplatte geklebt werden. Für die Wartung entsteht auf die gleiche Weise eine Wartungsklappe, die in der Mitte der Wiegefläche angebracht wird. In der Regel grenzen Gleiswaagen direkt an die Ladestraße, deren Anschluss an die Schiene ist im Bereich der Waage ebenfalls mit Riffelblechen abgedeckt, ebenso die Zuführung des Wiegegestänges zum Waghaus.

Die Grundmaße für ein Wellblechwiegehaus betragen etwa 3 x 2 x 2,3 m. Die Modellnachbildung der offenen Waage besteht aus Kunststoffprofil. Zwei 7 x 2 x 2 mm große Stücke werden zu einem Unterteil verklebt, darauf wird ein 12 x 2 x 2 mm messendes Stück so geklebt, dass die Enden ungleichmäßig überstehen. Das Ende am längeren Überstand wird schräg nach unten

Die N-Gleiswaage mit offener Waage aus der Vogelperspektive.

In der Draufsicht werden die einfachen Gestaltungselemente sichtbar, die den gestalterischen Wert dieser Bastelei deutlich erhöhen.

zugefeilt, anschließend wird gespachtelt und geschliffen. Nun fügt der Bastler ein passendes U-Profil oben auf die Waage. Zum Abschluss wird die schräge Seite noch mit einem schmalen Steg gegen die Waage abgestützt und alles mittelgrau lackiert. Die Montage außerhalb des Lichtraumprofiles an den Zuführungen des Wiegegestänges schließt die Feierabendbastelei ab.

Sprechsäule

Das Vorbild

Ob im Bahnhofsbereich, im Betriebswerk oder im Güterbahnhof – überall im Betriebsgelände der Eisenbahn stehen die knallgelben und mannshohen Vierkantsäulen zwischen den Gleisen. Es handelt sich um Sprechsäulen, die es dem Bahnpersonal ermöglichen, mit dem Stellwerk oder dem Fahrdienstleiter zu kommunizieren. Meist sind derartige Fernsprecher an Meldepunkten wie Lokabstellplätzen, Übergabestellen oder rangiertechnisch wichtigen Stellen platziert. Die 1,70 m hohen Sprechsäulen bestehen aus einem rechteckigen Profil mit den Abmessungen 18 x 19 cm, an der schmalen Vorder-

Diese Sprechsäule steht im Bahnhof Radolfzell und zeigt anschaulich die Bedienungselemente , die aber auch deutlich variieren können.

seite sind Mikrofon, Sprechtaste und Lautsprecher eingebaut. Ein nach unten abgeschrägter, 20 cm langer Schutzschirm schützt die Sprechstelle vor Witterungseinflüssen.

Der Nachbau im Modell

Das Grundbaumaterial für eine Sprechsäule im Maßstab 1:87 (H0) ist ein Kunststoffprofil mit den Maßen 25 x 2 x 1,5 mm. Die sichtbare Höhe beträgt 19 mm, der Überstand hält die Sprechsäule im Boden. An eine schmale Seite klebt man an die obere Kante ein 2,5 mm langes und 1,5 mm dickes Kunststoffteil und feilt es in Form des Schirmes nach unten schräg ab. 4 mm unterhalb der Oberkante wird mittig ein 1 mm langer Hebel an die Sprechsäule geklebt. Dann folgt die Lackierung: Die Sprechsäule selbst ist seidenmatt gelb, der Lautsprecher unter dem Schirm wird mit mattschwarzer Farbe imitiert. Der Hebel wird am besten hellgrau abgesetzt und zwischen Hebel und Lautsprecher imitieren zwei schwarze Punkte die Druckknöpfe. Das wars dann auch schon, nun müssen die Geräte nur noch aufgestellt werden. Angesichts der einfachen Produktion lohnt sich eine Serienfertigung, um dem Modellbahnpersonal die innerbetriebliche Kommunikation so einfach wie möglich zu machen.

Elektrische Weichenheizung

Das Vorbild

Weichen sind neuralgische Punkte im Gleissystem der Eisenbahn. Von ihrer Funktionstüchtigkeit hängt der reibungslose Zugbetrieb ab, daher gilt ihnen seit jeher besondere Aufmerksamkeit. Insbesondere im Winter bedürfen sie besonderer Pflege, damit die beweglichen Teile nicht zufrieren. In der heutigen Zeit werden zumindest die betriebsnotwendigen Weichen da-

Der Vorbildtrafo einer elektrischen Weichenheizung.

her beheizt, um auch bei Eis und Schnee ihre Funktion zu erfüllen.

Häufig anzutreffen sind Propangasheizanlagen, seltener trifft man auch auf elektrische Weichenheizungen. Die hier beschriebene Anlage beheizt eine Gleiswechselanlage, die weitab des zuständigen Stellwerkes liegt. Das wichtigste Bauteil ist der Transformator, er ist wie die dazugehörigen Schaltschränke auf einer planierten Fläche neben dem Gleisbett plaziert. Aufgebaut auf einen 120 cm x 120 cm grossen Betonsockel, besteht der Transformator aus zwei Hauptbestandteilen. Das untere Bauteil ist quaderförmig (50 x 80 cm) und 90 cm hoch. Auf jeder Seite sind 10 cm tiefe Kühlrippen angeschweißt, die von oben nach unten verlaufen. Das zweite Bauteil ist etwas komplizierter geformt. In ihm ist ein Ölreservoir untergebracht und die armdicke Zuleitung von der Weiche in

Das H0-Modell des Trafos im Größenvergleich mit einer H0-Figur.

den Trafo eingeführt. Es besteht aus einer Grundwanne mit einem abgeschrägten Boden und einem Deckel. Das Element ist 100 x 70 cm groß, die Grundfläche der Unterkante beträgt 50 x 70 cm, die Höhe 50 cm. Die Trennfuge des Deckels beginnt 30 cm ab der Unterkante. Die Anschlusskabel der Weichenheizung enden aus dem Boden kommend in den abgeschrägten Seiten. Schließlich gehört zu der Anlage noch der ebenfalls auf einem Betonsockel angebrachte doppelte Schaltschrank mit den Maßen 60 x 30 cm (für den kleineren) bzw. 100 x 30 cm (für den großen), die gemeinsame Höhe beträgt 150 cm. Die Heizkabel sind direkt über kleine Gleisanschlusskästen an den Flügelschienen der Weiche befestigt, Die Schaltschränke sind hellgrau, der Trafo ist hellgrün lackiert.

Der Nachbau im Modell

Diese Kleinbastelei erleichtert nicht nur den Modellweichenwärtern die Arbeit, sondern bereichert auch die Anlage um ein selten dargestelltes Motiv. Da der Bau von Schaltschränken und Gleisanschlussgehäusen an anderer Stelle beschrieben sind, liegt das Hauptaugenmerk auf dem Nachbau des Transformators in Baugröße H0.

Zunächst ist für einen sicheren Stand des schweren Trafos eine 35 x 22 mm große Grundfläche einzuebnen. Aus Balsaholz mit 2 mm Stärke entstehen die Betonsockel für den Trafo (14 x 14 mm) und den Schaltschrank (18 x 3,5 mm), sie werden auf die Grundfläche aufgeklebt.

Der Trafo selbst besteht aus Holz und Kunststoff. Der 10 mm hohe Grundkörper aus Balsaholz hat die Kantenlängen 6 x 8 mm. Seitlich und an der 6 mm breiten Vorderkante erhält der Umformer je vier Kühlrippen aus 0,5 mm dickem Kunststoff, diese sollten 1,2 mm breit und 8 mm lang sein. Das obere Bauteil entsteht aus einem 11 x 6 x 8 mm großen Balsaholzstück, aus ihm wird durch das Wegschneiden der seitlichen Schräge und anschließendem Spachteln der Oberfläche ein vorbildgetreues Modell. Die Schnittkanten werden folgendermaßen markiert: Von einer Seite der 11 mm langen Kante werden 2,5 mm zur Mitte hin angezeichnet, ebenso wird von der anderen Seite her verfahren, so dass sich eine 6 x 8 mm große Grundfläche ergibt. An den Stirnkanten werden nun im Abstand von 2 mm ab der durch die bereits bestehenden Markierungen definierten Unterseite ebenfalls Markierungen angebracht, Die Verbindungslinie beider Markierungen bildet die Schräge, die nun abgeschnitten und glattgefeilt wird. Spachteln und Feinschliff sind die nächsten Arbeitsschritte.

Nun wird der fertige Traforohling hellgraugrün lackiert und mit dem bereits angefertigten Schaltschrank montiert. Die Schrägen erhalten

Der Modellbahnbautrupp bei der Arbeit: Die Weiche liegt schon, Trafo und Schaltschrank sind gesetzt, es müssen nur noch »Strippen« gezogen werden. Das Modellautorenteam holt nebenbei noch ein Paar Informationen ein.

je vier Kabelattrappen aus 0,5 mm dickem schwarz lackiertem Draht, die senkrecht im Boden verschwinden. Damit die Weiche beheizt werden kann, fehlen nun noch zwei Gleisanschlussgehäuse im Abstand von 6 cm, von ihnen wird je ein Kabel zu den Schienen geleitet und so eine Stromzufuhr imitiert. Am Schaltschrank sollte noch ein Strompfeil angebracht werden und schließlich gibt ein Verkrauten des Umfeldes der Anlage die vorbildgereczhte Patina – nun kann der Winter kommen.

Gleisbaustelle

Das Vorbild

Gleisbaustellen sind ein notwendiges Übel des Vorbildes. Insbesondere Weichen erfordern ordentliche Pflege, um einwandfrei zu funktionieren, doch auch auf freier Strecke muss immer wieder ein Schienenbruch beseitigt oder eine abgenutzte Schiene ausgewechselt werden. Eine Gleisbaustelle in voller Pracht ist für den Beobachter eine höchst interessante Angelegenheit. Kleinigkeiten wie etwa das Entfernen von Graten an der Innenseite der Flügelschienen einer Weiche oder das Ersetzen eines Herzstückes sind es wert, nachgebildet zu werden. Der reguläre Zugverkehr wird natürlich durch so ein Unterfangen beeinträchtigt – doch lässt sich im Modell durch geschickte Konzeption ohne weiteres eine »zugbeeinflussungsfreie« Gleisbaustelle einrichten, zum Beispiel durch die Wiedergabe der vorbereitenden Arbeiten oder durch die Anlage an einem Zweiggleis.

Der Nachbau im Modell

Bevor gebaut wird, muss geklärt werden, was gebaut oder repariert wird, denn danach richtet

Neue Herzstücke für eine Weiche liegen schon bereit, Der Bautrupp wird bald mit dem Auswechseln beginnen. Vorteil für den Modellbahner: Der Zugbetrieb wird nicht behindert und das Aufstellen von Bauzügen bekommt einen Grund.

sich Größe und Anlage der Baustelle. Hier sind der Fantasie kaum Grenzen gesetzt, daher seien hier nur ein paar Anregungen gegeben: Gleiserneuerung, Austausch eines Weichenherzstückes, Schotterbett nacharbeiten, Bahnsteigkanten nachbessern, Erdkabel verlegen, Schachtarbeiten, Oberleitungsarbeiten, Lackierarbeiten an Masten oder Überführungen, Freischneiden von ins Profil ragenden Bäumen – dies sind nur einige Beispiele von im Vorbild tagtäglich wiederkehrenden Arbeiten, die mit wenig Aufwand im Modell nachgebildet werden können.

Platz für eine Gleisbaustelle im weitesten Sinn findet sich in der kleinsten Ecke, ohne dass der Zugverkehr behindert wird. Diese kleinen Bauarbeiten sorgen für Abwechslung und regen zum Spielen an, man denke nur an die Zusammenstellung eines Bauzuges. Wohn- und Schlafwagen des Arbeitstrupps sind oft entlegen am Ende des Bahnhofes abgestellt. Flachwagen mit Kies oder Tauschteilen, Schotterwagen, Langschienenwagen, Rottenkraftwagen und Kranwagen werden mitunter von weit her geholt und müssen zu einem Zug zusammengestellt und zur Baustelle gebracht werden: dafür braucht man schon eine eigene Rangierlok! Und dass die durch eine Baustelle verursachte Langsamfahrstelle womöglich den gesamten Fahrplan durcheinander bringt und damit den Modellfahrdienstleiter zur Disposition zwingt, muss wohl nicht eigens betont werden…

Kleiner Bremsschuhhalter, Bremsschuhe

Das Vorbild

Brems- oder Hemmschuhe waren lange Jahre wichtige Handwerkszeuge insbesondere in Ran-

Ein weiteres schönes Detail einer Ortsgüteranlage oder eines Bahnhofes lässt sich aus einem Bremsschuhhalter nachempfinden. Neben den Gleisen aufgestellt, steigert er die vorbildgetreue Wirkung ihrer Modellbahnanlage erheblich.

gieranlagen. Mit den Hemmschuhen, die der Rangierer auf die Schienen legte, wurden beispielsweise abgestoßene Güterwagen möglichst punktgenau abgebremst. Daneben dienten und dienen sie als Feststellkeil, um Fahrzeuge vor ungewolltem Wegrollen zu sichern. Um sie im Bedarfsfall schnell griffebereit zu haben, werden sie meist bei Nichtgebrauch in eigens angefertigten Haltevorrichtungen am Rand der Gleise aufbewahrt. Deren Bauweise ist sehr individuell und richtet sich nach den örtlichen Bedürfnissen. Unser Vorbild ist für die Aufnahme von zwei Bremsschuhen ausgelegt und eignet sich besonders für kleine Bahnhöfe, entfernte Ortsgüteranlagen und Abstellgleise.

Platziert wird der Bremsschuhhalter profilfrei neben den Gleisen. Die 80 cm hohe Standsäule bildet ein Schienenprofil, an dessen Oberkante eine 30 x 20 x 0,5 cm große Blechplatte angebracht ist. Sie ist mit einem Drehpunkt am Schienenfuß befestigt und besitzt am anderen Ende ein rundes Schloss, dessen Riegel in eine Halterung am Schienenkopf eingreift. Zum Aufnehmen der Bremsschuhe ist in 10 cm Abstand zum Deckel ein 1 cm dicker Metallrundstab am Schienenfuß angeschweißt. Die Enden des Metallstabes sind nach oben gebogen und reichen bis an den Deckel, die Bremsschuhe können nun bei geöffnetem Deckel in den Halter gesetzt werden und gegen Diebstahl verschlossen werden. Die Bremsschuhe selbst sind auf ein U-Profil aufgebaut, das um den Schienenkopf gelegt wird. Auf der Oberseite besitzen sie eine abgeschrägte Auflauffläche sowie einen runden Haltegriff.

Der Nachbau im Modell

Die Modellmaße beziehen sich auf die Baugröße H0 (1:87). Ein altes Schienenstück von 15 mm Länge bildet die Standsäule, der Bremsschuhhalter muss im eingebauten Zustand 9 mm aus dem Boden ragen. Die Abdeckplatte wird aus 0,5 mm dickem Kunststoff gefertigt und sollte 3,5 mm x 2,3 mm groß sein. Sie wird mit Sekundenkleber auf der plangefeilten Oberkante der Standsäule befestigt. Letztes Bauteil des Bremsschuhhalters ist die Haltestange für die Bremsschuhe, sie wird aus einem 0,5 mm dickem Stück Draht gebogen. Die Länge des Drahtstückes beträgt 31 mm, es wird an den Enden so zu einem weiten U gebogen, dass die Enden 1 mm nach oben stehen. Werden Bremsschuhe nachgebildet, müssen sie vor dem Ankleben unter die Deckplatte eingehängt werden. Ist die Haltestange an den Schienenfuß geklebt und der Klebstoff getrocknet, wird alles seidenmatt gelb lackiert. Die Bremsschuhe werden aus einem 5 mm langen und 1,5 mm breiten Stück aus 0,5 mm dickem Kunststoff als Grundplatte gefertigt. Das modellgerechte Nachbilden der Seitenwangen ist in kleineren Maßstäben wenig sinnvoll und sollte größeren Spuren vorbehalten bleiben. Zur Nachbildung der Auflauffläche und des Haltegriffes genügt ein keilförmiges, gegen Null auslaufendes und 1 mm dickes Stück Kunststoff mit 1,5 mm Höhe. Es erhält am hinteren Ende eine 0,8 mm große Bohrung als Haltegriff. Nach dem Zusammenkleben wird das gute Stück gelb lackiert, damit es dem H0-Rangierer auch ins Auge sticht.

Handbedienter oder mechanischer Weichenantrieb

Das Vorbild

Handbediente Weichen sind auch in der heutigen Zeit noch weit verbreitet. Üblicherweise findet man sie in kleineren Bahnhöfen, Bahnbetriebswerken, Industrieanschlüssen oder Ortsgüteranlagen überall dort, wo sie durch das Personal einigermaßen leicht erreicht werden können.

Die Stellvorrichtung ist bei allen Varianten in den Grundzügen gleich. Eine oder (häufiger) zwei Stellstangen sind an den Innenseiten der Weichenzungen befestigt und laufen unterhalb des Gleises im mehr oder weniger rechten Winkel zum geraden Hauptstrang zu einem Antrieb. Um sichere Funktion zu gewährleisten, ist die Stellstange gegen das Erdreich durch eine Abdeckung und eine Einfassung (meist aus Beton) abgesichert. Am Ende der Stange befindet sich ein Längenausgleich zum Anpassen des Antriebes gegen die Zungen, dieser besteht aus einer Gewinde-Überwurfmutter-Konstruktion. Außerhalb des Schwellenbereiches sind die Stellstangen meist mit schmalen Randsteinen eingefaßt.

Die Stellelemente des Antriebes sind folgendermaßen aufgebaut. Auf die erste Schwelle in Richtung Herzstück ist ein 20 cm breites und 1 cm dickes Flacheisen geschraubt, das am Ende um 90° nach unten gebogen ist, um eine Abstützung zum Planum zu erreichen. Die Länge des Flacheisens beträgt ca. 150 cm, etwa 20 cm vom Ende des Flacheisens entfernt ist die Halterung der Weichenlaterne und des Umlenkhebels zum Antrieb der Stellstangen befestigt. Das dreieckige Gussteil ist an der einen Außenseite oben und unten zur Aufnahme der Weichenlaterne mit Laschen versehen, an der anderen Seite liegt mittig der Drehzapfen zum Aufnehmen des Umlenkhebels bzw. des Handstellhebels. Die Maße des Halters betragen 40 x 36 x 20 cm. An den Drehzapfen des Halters sind entweder die Stelldrähte der mechanischen Fernbedienung oder der 80 cm lange Handhebel angebracht. Der Handhebel besitzt am Ende ein Gegengewicht, das die Weiche in der jeweiligen Stellung hält. Durch die schwarzweiße Farbgebung des Gegengewichts wird die Stellung der Weiche schon von weitem signalisiert: zeigt die weiße Hälfte nach oben, liegt die Weiche in Grundstellung. Weichen, deren Gegengewichte gelb gestrichen sind, haben keine Grundstellung. Meist ist über eine Hebelmechanik eine drehbare Weichenlaterne mit dem Antrieb verbunden, um die Stellung auch bei Nacht anzuzeigen.

Der Nachbau im Modell

Die Nachbildung auf der Modellbahnanlage hängt hauptsächlich vom verwendeten Gleismaterial ab. Moderne Gleissysteme ohne Schotterbett eignen sich besser als Gleissysteme mit Schotterbett oder Weichen mit voluminösen Weichenantrieben, wenngleich mit einigen Anpassungen auch in diesem Fall sicherlich gute Ergebnisse zu erzielen sind.

Wir legen der Beschreibung eine Modellweiche ohne Schotterbett im Maßstab 1:87 zu Grunde, auf eine Funktion der Weichenlaterne haben wir verzichtet. Von Vorteil ist es, wenn die Feindetaillierung vor dem Einbau der Weiche vorgenommen wird.

Sollte es die Modellmechanik zulassen, wird zwischen den Schwellen unter den Spitzen der Weichenzungen der »Betongrund« aus dünnem Karton gefertigt. Außerhalb der Schwellen ent-

Diese handbediente Weiche besitzt eine Grundstellung, erkennbar an der schwarz-weißen Markierung am Gewicht, in die sie ordnungsgemäß gelegt wurde, da die weiße Markierung oben ist.

steht eine 12 mm lange schwellendicke Einfassung aus 1 mm dickem Holz. In ihr verläuft unter den Schienen hindurch die Stellstange. Eine 17 mm lange und 2,5 mm breite Befestigungsschiene aus 0,5 mm Kunststoff, die am Ende nach unten gebogen wird, bildet das Flacheisen zum Aufnehmen des Antriebes. Nun ist es an der Zeit, sich über die Weichenlaternen Gedanken zu machen. Die einfachere Variante ist der Kauf fertiger Laternen, hier eignen sich z.B. die Modelle von Weinert. Auch die Arnold-N-Laternen aus dem Signalset können problemlos für H0 verwendet werden. Fertige Laternen werden einfach eingebaut. Billiger ist der Selbstbau: Auf einen schwarz gestrichenen 6 x 4,1 x 3 mm großen Kunststoffklotz werden die Weichensignale aufgemalt – fertig. Auf der Unterseite erhält die Laterne ein 0,5 mm großes Loch, in dem ein kurzes Stück Draht befestigt wird.

Der dreieckige Halter für die Weichenlaterne und den Handstellhebel wird ebenfalls aus Kunststoff gefeilt: Seine Maße betragen 4,5 x 4 x 2 mm. Er wird 2 mm vom Ende des Flacheisens angeklebt, an seiner Herzstückseite findet die Laterne ihren Platz. Damit die Weichenlaterne nicht ins Lichtraumprofil der Modellbahn ragt, sind Messfahrten empfehlenswert. Auf der anderen Seite der Halterung wird entweder der Umlenkhebel für die Seilzüge, die im Antriebskasten verschwinden, oder der Handstellhebel angebracht, dieser wird aus einem 9 x 0,5 x 0,5 mm langen Stück Kunststoff hergestellt. Das Gegengewicht entsteht aus einem Stück Kunststoffrundmaterial mit einem Durchmesser von 3 mm. Je nachdem, ob eine Weiche mit Grundstellung oder ohne nachgebildet wird, erhält das Gegengewicht einen schwarz-weißen oder gelben Anstrich. Grundstellungslose Weichen sind

Einfache Materialien und ein wenig bastlerisches Geschick sind die einzigen Zutaten für dieses Modell.

Auch im eingeschotterten Zustand ist die vorgestellte Bastelei ein kleiner, aber feiner Blickfang.

meist an untergeordneten Abstellgleisen zu finden. Die Grundstellung einer Weiche ist die Stellung, in der ein Durchfahren des Zuges ohne das Erreichen eines Stumpfgleises möglich ist. In dieser Stellung zeigt der weiße Teil des Gegengewichtes nach oben.

Ist der Stellhebel lackiert, wird er im 45°-Winkel nach rechts oder links oben zeigend an die freie Seite der Halterung geklebt, das Ende ohne Gewicht ragt in den Stellkanal.

Wer seine Bastelei nun noch weiter perfektionieren will, kann aus 0,5 mm dickem Draht die Stellstangen zu den Weichenzungen imitieren. Es empfiehlt sich jedoch, die Stellstangen nur bis zum Beginn des Gleises der Weiche zu führen, um eine einwandfreie Funktion zu gewährleisten. Hier und da noch etwas Grün oder einen dürren Busch sowie etwas rostfarbiger Staub aus Pulverfarbe – und schon kann sich die Weiche sehen lassen.

Elektrischer Weichenantrieb

Das Vorbild

Auf der Suche nach Relikten der »alten Eisenbahn« wird der Eisenbahnfreund über kurz oder lang unweigerlich über mechanische Stellwerke und die dazu gehörenden Seilzüge buchstäblich »stolpern«. Doch deren Bedienung und Unterhaltung ist sehr aufwendig, weshalb die große Eisenbahn wo immer es geht, der modernen Technik den Vorzug gibt. Moderne Stellwerksbauten sowie größere Bahnhofsanlagen der Epochen drei bis fünf sind daher meist mit elektrisch angetriebenen Weichen ausgestattet. Der hier vorgestellte Standardweichenantrieb ist einfach nachzubauen und lässt sich problemlos auch in größeren Mengen herstellen – schließlich besteht ein »zünftiger« Bahnhof nicht nur aus einer Weiche. Platziert sind die Antriebe direkt neben der Flügelschiene am Ende der Zungen mit den abgeschrägten Seiten quer zur Fahrtrichtung. Die Antriebe werden mit zwei Flacheisen direkt an den Schwellen befestigt. Neben dem eigentlichen Antrieb gehören das Stellgestänge der Weiche, (meist) eine Einfassung aus Randsteinen ein kleines Gleisanschlussgehäuse für den elektrischen Anschluss zur Weichenstellanlage . Die Stellmechanik selbst verläuft außerhalb der Weiche unter einer Blechabdeckung, sodass ein Nachbilden entfallen kann. Der Gehäusekasten des Antriebes besteht im Wesentlichen aus zwei Teilen: einem Grundkasten, der die Antriebsteile aufnimmt, sowie einem Deckel, dessen Seiten abgeschrägt sind. Der Deckelkasten ist in den Außenmaßen 70 cm lang, 45 cm breit und 25 cm hoch. Die

Das Antriebsgehäuse eines elektrischen Weichenantriebes ist einfach aufgebaut und dadurch einfach ins Modell umzusetzen. Im Bild ist auch die Gehäusebefestigung an den Schwellen sowie die Einfassung aus Beton gut sichtbar.

Flächen entlang der Längsseiten sind in den Maßen 10 x 18 cm abgeschrägt.

Modellbeschreibung

Unser Nachbauvorschlag bezieht sich auf die Baugröße H0 (1:87). Als geeignetes Baumaterial empfiehlt sich Kunststoff. Die erforderlichen Werkzeuge beschränken sich auf eine Vierkant-Nadelfeile, eine Flachfeile, ein Bastelmesser, feines Schleifpapier und einen Pinsel.

Das Antriebsgehäuse wird aus einem Stück wie folgt aus dem Kunststoff gearbeitet: Ein zurechtgefeilter Kunststoffklotz der Größe 8 x 5 x 3 mm wird fein geschliffen, danach wird entlang der 8 mm langen Längskante eine 1 x 1,5 mm große Abschrägung der Seitenkante angeschnitten. Der nächste Schritt ist das Feilen eines 0,5 m tiefen und 1,5 mm hohen Absatzes rund um das Gehäuse, um den Grundkasten vom Deckel abzusetzen. Ist die Oberfläche nochmals geglättet, wird der Antriebskasten in maschinengrün gestrichen, das Deckelgehäuse erhält einen warngelben Anstrich. Dann ist der Weichenantrieb einbaufertig und kann in das vorbereitete Bett aus Modellrandsteinen und Schotter gesetzt werden. Aus Karton entstehen zum Schluss Nachbildungen der Befestigungseisen und des U-förmigen Bleches, das die Stellstangen umschließt.

Holzprellbock

Das Vorbild

Damit Züge oder auch einzelne Wagen bei der großen Bahn am Ende eines Abstellgleises nicht aus den Schienen rollen, wird dort ein Prellbock aufgestellt. Dieser hat die Aufgabe, den Gleisabschluss zu sichern und muss wegen der mitunter recht schwungvoll dagegen stoßenden Schienenfahrzeuge einiges aushalten können. Das Vorbild kennt die unterschiedlichsten Bauarten und die unterschiedlichsten Baumaterialien. Eine der verbreitetsten Varianten ist der Holzprellbock, der beim Vorbild aufgrund seiner einfachen Bauweise und geringen Kosten in früheren Epochen oft eingesetzt wurde und bei vielen Nebenbahnen bis heute überlebt hat. Dabei wurden Holzbohlen oder alte Schwellen senkrecht in Rechteckform am Gleisende so weit in den Boden versenkt, dass sie noch etwas über

Am Ende eines Abstellgleises steht ein Prellbock. Dieser hier ist aus Holz und bald von der Natur überwuchert.

die Pufferhöhe eines Schienenfahrzeugs herausragten. Der Raum dazwischen wurde mit festgestampfter Erde ausgefüllt. Damit die Puffer der Wagen den Prellbock nicht beschädigen konnten, wurde noch eine Querschwelle in Höhe der Pufferteller befestigt. Auch eine Sh0-Scheibe als Gleisabschlusssignal in Fahrtrichtung rechts vorne am Prellbock ist meist angebracht. Natürlich nagt an diesen alten Eisenbahneinrichtungen der Zahn der Zeit und auch die Natur erobert den Prellbock mit viel Grün zurück.

Der Nachbau im Modell

Ebenso wie beim Vorbild ist der Prellbock auch im Modell einfach und mit wenig Kosten darzustellen. Zuerst sollte die Größe des Objektes bestimmt werden, denn ein einheitliches Vorbildmaß gibt es nicht. Harmonisch sieht es aus, wenn der Prellbock ungefähr Schienenschwellenbreite hat und etwas länger als breit ist. Von den so ermittelten Außenmaßen müssen dann auf allen vier Seiten jeweils zwei bis drei Milimeter abgerechnet werden und ergeben dadurch die Innenmaße, denn im Gegensatz zum Vorbild wird das Modell von innen nach außen gebaut. Die so errechneten Maße werden auf ein Stück Styropor übertragen, dieses entsprechend ausgeschnitten. Danach wird der Block mit etwas Abstand und Holzleim in Verlängerung des Gleisendes festgeklebt.

An die Außenkanten des Styroporblockes werden mit Holzleim abgelängte Holzleistchen oder Streichhölzer ohne Kopf geklebt, die oben etwas überstehen und zuvor mit Lack- oder Dispersionsfarbe gestrichen wurden. Eine gleichmäßige Ablängung ist nicht erforderlich, im Gegenteil: Unregelmäßige Längen geben dem Prellbock später ein gewisses Flair. Ein Holzleistchen mit der Breite einer Pufferbohle wird danach in Pufferhöhe eines Wagens an der Vorderseite waagrecht als Rammholz festgeklebt.

Wenn der Leim hart ist, wird der ganze Prellbock mit Hilfe von verschiedenen dunklen Farbtönen auf Alt getrimmt und entsprechend dezent angemalt. Das Rammholz erhält auf Höhe der Fahrzeugpuffer mit schwarzer Farbe rundliche Verschmierungen. Rechts oberhalb dieser Bohle findet das aus einem Bahnhofsbausatz (oder selbst gemalte) Sh0-Gleisabschlusssignal seinen Platz. Schließlich erhält die noch freie Styroporblockoberseite ihre Patina in Gestalt von in Holzleim gestreuten Sand. Zur Abrundung des alten Prellbocks darf »Mutter Natur« das Relikt alter Technik überwuchern: Moos, Gräser und sogar Büsche können hier ungestört wachsen und freudig Kunde von der Umweltfreundlichkeit der Bahn geben…

Alter Prellbock mit Steineinfassung

Das Vorbild

Prellböcke als Gleisabschluss bietet das große Vorbild in geradezu unerschöpflicher Vielfalt. Eine besonders massive Variante ist ein Prellbock mit Steineinfassung. Grundsätzlich gelten für diese Bauart dieselben Aufstellbedingungen wie für alle anderen feststehenden Prellböcke, doch eignet sich diese Bauart in besonderem Maße für Gleisabschlüsse, die auf Abhänge, Steilwände oder Gebäude zulaufen. Derartige Prellböcke finden sich an Nebenbahnen ebenso wie an Hauptstrecken oder Schmalspurlinien. Nicht selten verfügen Bahnhofsanlagen über Prellböcke verschiedener Bauformen, ein Umstand der dem Modellbahner sehr entgegenkommt, denn deren Nachbau trägt sehr zum vorbildgerechten Erscheinungsbild einer Modellbahnanlage bei.

Der vorgestellte Prellbock befindet sich im Bahnhof Eyach an der Bahnlinie Tübingen–Horb. Aufgestellt ist der Prellbock direkt am Ende des Bahnhofplanums am Beginn eines kleines Abhanges, er dient zum Schutz eines Gebäudes. Der Aufbau des Prellbockes besteht aus zwei Hauptbauteilen, nämlich der Aufprallfläche aus alten Schwellen und einer umlaufenden Steinmauer in U-Form. Im Abstand der Fahrzeugpuffer sind je zwei Schwellen so in den

Dieser Prellbock hat seine beste Zeit hinter sich, ein Grund mehr, ihn in einer anderen, älteren Epoche zumindest im Modell in neuem Glanz wieder erstehen zu lassen.

Boden gerammt, dass sich eine Lücke ergibt, in die insgesamt vier weitere Schwellen waagerecht eingelegt werden und so eine Vorderwand bilden. Daran schließt sich die steinerne Einfassung an. Die Vorbildmaße des Prellbockes lauten: 220 x 220 x 130 cm. Die Steinmauer ist ca. 30 cm niedriger als die Höhe der Schwellen. Die Steinmauer fällt nach hinten ein wenig ab. Die Füllung des Prellbockes besteht aus Sand und Kies.

Der Nachbau im Modell

Der Grundaufbau dieses Modells gleicht dem an anderer Stelle beschriebenen Schwellenprellbock (s. S. 29). Statt der dort beschriebenen seitlichen Schwellen verwenden wir hier eine Modellbauplatte mit Steindekor. Sein besonderes Flair erhält dieser Gleisabschluss durch die vordere Prallfläche, eine durchlaufende Holzbohle ist nicht vorhanden. Zum Nachbau der Prallfläche im Maßstab 1:87 werden zunächst Holzschwellen aus 2,5 x 2 mm großen Balsaholzleisten abgelängt, die vier senkrechten Schwellen sind 20 mm lang, die vier waagrechten 25 mm. Mit einem 2,5 mm-Bohrer werden vier Löcher im Pufferabstand in die Grundplatte eingebracht und die vier senkrechten Schwellen eingeklebt, sodass sie noch 15 mm herausragen. Der Abstand der Löcher muss hintereinander so gewählt werden, dass die übrigen vier Schwellen waagrecht zwischen die senkrechten passen. Das Ganze wird schließlich noch braun eingefärbt, danach erfolgt die weitere Detaillierung wie auf S. 30 beschrieben.

Warnmarkierungen an Ladestraßen

Das Vorbild

Warnmarkierungen aller Art sind notwendige Ausgestaltungsdetails einer Ladestraße oder eines Bahnbetriebswerkes, sie finden sich überall dort, wo Straßenverkehr und Eisenbahn unmittelbar zusammentreffen. Da in der Realität vor allen möglichen Risiken gewarnt wird, gibt es eine Vielzahl verschiedenster Warnzeichen. Daher sind die hier vorgestellten Tafeln auch nur ein Beispiel unter vielen.

Die Warnfarbe ist der Natur entliehen. Der Schutz des Turmmastes scheint gewährleistet zu sein.

Um den Mast eines Quertragwerkes vor unliebsamen Berührungen durch Fahrzeuge zu schützen, sind in geringem Abstand an den Ecken des Mastfundamentes alte Schienenprofile einbetoniert die als Rammschutz und als Haltepfosten für die Warntafeln dienen. Die Schilder selbst sind aus Blech gefertigt und ca. 25 cm breit. Die Höhe ihrer Unterkante ab dem Erdboden beträgt ca. 100 cm. Grundfarbe ist gelb, als Kontrastfläche dienen schräg verlaufende schwarze Balken. Ähnliche Markierungen sind beispielsweise auch an Laderampen oder Güterschuppenkanten zu finden, dort sind sie jedoch meist aufgemalt.

Der Nachbau im Modell

Zunächst sollte der Bastler den Standort und die Befestigung der Warnzeichen klären, ebenso die Frage, ob nur aufgemalt oder auf Tafeln angebracht. Der prinzipielle Aufbau ist anhand des Bildes ersichtlich.

Die »schwierigste« Arbeit ist das Anfertigen der Warnmarkierung selbst. Eine Möglichkeit ist es, die Warnlackierung am Computer zu fertigen und auszudrucken. Den Ausdruck sollte man mit etwas seidenmattem Klarlack beschichten – einerseits sieht das besser aus, anderseits wird so der Ausdruck unempfindlich gegen Fingerabdrücke.

Wer keinen Computer hat, nimmt etwas Folie oder Papier als Trägermatrial und lackiert es seidenmatt gelb. Mit einem schwarzen Lackstift werden nun die Kontrastflächen aufgemalt. Und wer sich die dafür nötige ruhige Hand nicht zutraut, kann schließlich als dritte Möglichkeit auf das vorbereitete gelbe Trägermaterial schmale Streifen aus dünner schwarzer Folie oder Isolierband kleben.

Die so hergestellten großen Schilder können nun einfach zugeschnitten und auf die vorgesehenen Flächen geklebt werden – damit auch im Modell der Sicherheit Genüge getan ist…

Eine schöne Sache, so ein »aufgemotzter« Gepäckkarren: Die Drahtbügel sind zur besseren Sichtbarkeit unlackiert.

Blumengeschmückte Gepäckkarre

Das Vorbild

Es gab Zeiten, da bestanden die »Zugangspunkte« zur Eisenbahn (sprich: Bahnhöfe, Haltepunkte etc.) nicht nur aus Fertigbetonteilen und normierten Wartehäuschen. Insbesondere auf besetzten Haltestellen sorgten die Bahnhofsvorsteher oder andere Bahnbedienstete häufig für Farbe auf dem Bahnsteig – und zwar nicht durch Graffiti-Schmierereien, sondern durch Blumenschmuck. Erfreulicherweise ist dieser schöne Brauch bis heute nicht ganz ausgestorben – Bahnhofsvorsteher mit Sinn für die Natur sorgen hier und da noch immer für einen geschmückten Bahnsteig.

Neben Fensterbänken und Blumenkübeln auf dem Bahnsteig bieten sich alte Gepäckkarren dafür geradezu an: Sie sind beweglich und können an frostsichere Orte gezogen werden, auch lässt sich im Bedarfsfall der Bahnsteig schnell »räumen«, und schließlich gibt es davon ohnehin genug, denn die Bahn hat die Gepäckverladung am Bahnsteig bekanntlich längst aufgegeben. Die Blumenladung des Gepäckkarrens kann deutlich variieren, sie können flächig auf der Ladeebene gepflanzt sein oder auch in Terassenform in Blumenkästen. Die Auswahl der Gepäckkarrenform bestimmt wohl der Zufall, daher können alle Modelle, die auf dem Markt angeboten werden, Verwendung finden.

Der Nachbau im Modell

Zunächst einmal benötigt der Bastler einen alten ausgemusterten Gepäckkarren. Sie sind meist in der Bastelkiste unter der Abteilung Bahnmeisterei/Schrottplatz zu finden. Sollte partout nirgendwo einer gefunden werden, muss wohl ein neues Exemplar herhalten. Grundsätzlich sollten alle Modelle lackiert und gealtert werden.

Zur Darstellung eines Wagens mit »direkter Bepflanzung« eignet sich ein Modell mit niedrigen Ladebordwänden am besten. Erdfarbenes Streumaterial als Grund, darauf grobe grüne Flocken, als Blüten etwas »buntes« Streumaterial, hier und da noch ein wenig Langstieliges aus Fasern – fertig ist der Blumenschmuck und gereicht der Station zur Ehre. Etwas aufwändiger ist die Variante mit terrassenförmig angeordneten Blumenkästen: Ausgangsmaterial sind die Blumenkästen, die auf Seite 69 beschrieben werden. Vom Gepäckkarren entfernt der Hobbygärtner die Ladebordwände und klebt auf die Ladefläche zwei U-förmig gebogene Drähte. Auf diesen werden die Blumenkästen platziert. Die Richtmaße sind: Länge = doppelte Breite der Blumenkästen, Höhe der U-Schenkel = eineinhalbfache Höhe der Blumenkästen. Die U-Bögen werden mit der offenen Seite nach unten auf der Gepäckkarre befestigt, von den bepflanzten Blumenkästen kommen je zwei an direkt auf die Ladefläche und zwei oberhalb auf die Drahtbögen – et voilà: jetzt kann der Bahnhof am Wettbewerb »Unser Haus soll schöner werden« teilnehmen – mit guten Gewinnchancen…

Stromzapfsäule für Reisezugwagen

Das Vorbild

Moderne Personenwagen mit elektrischer Heizung oder/und mit Sonderausstattungen wie wie Klimaanlagen, aber auch Speisewagen müs-

Der Kenner weiß, dass hier modernere Wagen mit elektrischer Heizung vorgewärmt werden können. Dampfbeheizte Wagen bleiben kalt.

sen auch im abgestellten Zustand mit Strom versorgt werden. Dafür sind in Bahnbetriebswerken oder in Abstellbahnhöfen und auch auf manchen Abstellgleisen in Bahnhöfen Stromzapfsäulen unterschiedlicher Bauart angebracht. Die hier vorgestellte Variante ist besonders einfach nachzubauen. Aufgestellt ist diese Stromzapfsäule im Bw Heilbronn. Warngelb lackiert und in ihrer kantigen Form mit den Maßen 105 cm (Höhe der Vorderkante), 98 cm (Höhe der Hinterkante) und einer Grundfläche von 27x20 cm einfach ins Modell zu übertragen, eignet sie sich bestens zum Aufstellen auf der Modellbahn der Epochen vier bis fünf. Einziges Zurüstteil der Stromzapfsäule ist die 50 x 27 cm große, mit einem Griff ausgestattete Klappe an der Vorderseite.

Der Nachbau im Modell

Die Stromzapfsäule ins Modell zu übertragen, ist kaum mehr als eine einfache Rechenaufgabe, denn das Umrechnen der Vorbildmaße in den jeweiligen Modellmaßstab ist mit das Schwierigste daran. Gemäß den errechneten Maßen wird die Säule aus einem Stück Balsaholz geschnitten, gespachtelt und geschliffen. Die Frontklappe entsteht am einfachsten aus einem Stück Papier und wird aufgeklebt. Ein Griff aus dünnem Draht, und schon kann die Stromzapfsäule seidenmatt gelb lackiert werden. Zum Abschluß kommt noch ein Stromwarnpfeil drauf – denn wie schon an anderer Stelle erwähnt: Sicherheit hat Vorrang. Danach ist das kleine Utensil zum Einbau bereit.

Links und rechts des Schienen-stranges

Ein Streckengang

Der wesentlichste Bestandteil der großen Eisenbahn ist der Schienenstrang, der nicht nur den Bahnhof A mit dem Bahnhof B verbindet, sondern gewissermaßen den Anschluss an die »große weite Welt« bildet. Für flüchtige Betrachter besteht eine Bahnstrecke nur aus einem oder zwei Gleisen, eventuell noch mit einer Oberleitung bestückt.

Doch genaueres Hinsehen offenbart die Detailfülle, die gerade dem Modellbahner unzählige Anregungen vermitteln kann. Da sind Bahndämme und Einschnitte in die Landschaft nötig, damit die Schienenstränge möglichst eben verlegt werden können. Berge müssen mit Tunnels unterfahren und Täler oder Wasserläufe mit Brücken überbaut werden. Diese markanten Merkmale einer Bahnstrecke werden oft im Modell nachgebaut und sind in vielen Variationen käuflich erhältlich. Doch entlang eines Schienenstranges gibt es noch viele Kleinigkeiten zu entdecken, die einer näheren Betrachtung – und eines Nachbaus auf der heimischen Modellbahnanlage lohnen. Daher sei jedem Lokspäher empfohlen, bei der nächsten Fototour zum großen Vorbild während einer Zugpause einmal einen Spaziergang entlang der Gleise zu unternehmen.

Eine solche Begehung an einer typischen eingleisigen Eisenbahnstrecke könnte beispielsweise an der Ausfahrt aus einem Unterwegsbahnhof beginnen. Von dort geht es zunächst auf ei-

V 100 1075

nen Damm und schon nach wenigen Metern steht auf der linken Seite ein großer Betonsockel. Hier stand früher das Einfahrsignal, heute erinnert der verwitterte Klotz ohne Funktion an die Zeit, als der Bahnhof noch besetzt war. Vielleicht entdeckt der Wanderer auch noch den verrosteten Masten des Fernsprechers für die Streckengänger im Gestrüpp. Direkt neben dem Signalsockel geht eine kleine Treppe aus alten Schwellen zu einem parallel laufenden Feld- oder Wirtschaftsweg. Ist das Signal noch vorhanden, führen meist neben den Schienen Kabelkanäle zum zugehörigen Vorsignal – sie können auch als kleiner Randweg benützt werden, da sie mit Platten abgedeckt sind. Immer wieder entdecken wir bei unserem Marsch elektrische Kabelanschlüsse an den Schienen oder finden mit Kabel verbundene Schienenprofiltrennstellen. Unförmige Metallkästen entpuppen sich bei näherem Hinsehen als Indusimagneten.

Etwas weiter kreuzt ein Feldweg mit einem kleinen gesicherten Bahnübergang den Schienenstrang, um ihn zu überqueren, muss der Bauer vom eigens angebrachten Telefon aus auf dem Stellwerk anrufen, damit die Schranken geöffnet werden. Ein paar Meter weiter überqueren die Schienen einen kleinen Bach auf einem gemauerten Durchlass. Kurz danach treffen wir auf eine Gleisbaustelle, denn rechts und links der Schienen liegen noch Schwellen und Profile, die eingebaut waren oder werden sollen. Beim nächsten Kilometerstein, der sich übrigens ebenfalls zum Nachbau eignet, endet unsere kleine Träumerei von einer normalen Bahnstrecke.

Vielleicht konnten wir damit zu einem echten Erkundungsgang anregen – wer mit offenen Augen unterwegs ist, wird sicher noch viel mehr finden, und langweilig wird ein solcher Spaziergang auch in Zukunft nicht. Zwar verschwinden auch hier Zug um Zug die Relikte der »alten Eisenbahn« mit ihren Feinheiten – doch auch die neue Bahn sorgt für zahlreiche interessante Details, die Aufmerksamkeit verdienen.

Mit der Kamera lassen sich die entdeckten Details im Bild festhalten und wer das Eine oder Andere nachbauen will, der sollte vielleicht die wichtigsten Maße mit einem mitgebrachten Zollstock abgreifen. Beim Umsetzen ins Modell ist dann vor allem Kreativität gefragt, denn mit etwas Geschick, Geduld und Fingerfertigkeit lassen sich ohne nennenswerte Kosten wahre Kleinode für den nachträglichen Einbau entlang der Strecke erstellen. Greift der Modellbahner dabei auf Abfälle und »Allerweltsmaterialien« zurück, dann ist es auch nicht weiter schlimm, wenn die Bastelei einmal nicht auf Anhieb gelingt – was beim Vorbild im Übrigen auch schon vorgekommen sein soll…

Transformatorenhaus

Vorbildbeschreibung

Eine einfache Bastelarbeit stellen Transformatorenhäuschen dar, deren Vorbilder überall zu finden sind. Sie dienen nicht nur der Verteilung von Stromanschlüssen innerhalb kleinerer Ortschaften, sondern sind auch in größeren Industrieanlagen zu finden. Besonders geeignet für die Aufstellung auf der Modellbahn sind jedoch Bahnhöfe oder Signalanlagen auf freier Strecke. Heutzutage bestehen Trafohäuschen meist aus Betonfertigteilen, doch finden sich auch überall noch ältere Ausführungen, die gemauert und verputzt sind und oft auch schräge Dächer haben, während die modernen Vertreter reine Zweckbauten mit flachen Betondächern sind. Neben Eingangstüren weisen die meisten noch Belüftungsgitter unterschiedlicher Art auf, bei Bedarf sind auch Halterungen für Zu- und Ableitungen vorhanden, Fenster sind eher selten.

Das Äußere ist je nach Verwendungszweck verschieden: So sind die zur Ortsverteilung gebauten Anlagen ebenso wie die an Überlandleitungen stehenden Exemplare hoch gebaut. Die Regelausführung ist jedoch niedrig ausgeführt. Neben den weitgehend quadratisch gebauten Häuschen gibt es auch rechteckige oder sechseckige Varianten. Allgemein jedoch sind die Gebäude eher schmucklos gehalten.

Das fertige Modell wirkt nicht gerade wie ein grober Klotz, trotz der massiven Bauweise. Feine Details werten es zusätzlich auf.

Der Nachbau im Modell

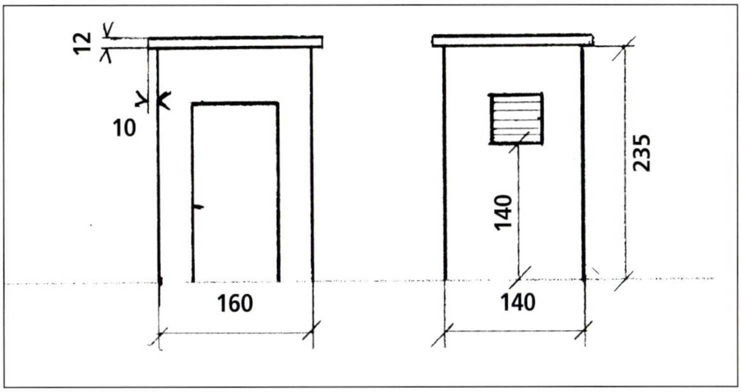

Das Vorbild für unseren Nachbau im Maßstab 1:87 ist ein kleines Trafohäuschen in Betonfertigbauweise, das zur Versorgung einer Signalanlage benötigt wird.

Das in den Grundmaßen von 160 x 140 cm recht kompakte Häuschen kann grundsätzlich in zwei Bauarten erstellt werden. Die einfache Ausführung besteht aus einem Weichholzklotz, am besten eignet sich Limba. Die H0-Maße sind 18 x 16 x 27 mm für die Wände. Damit das Holz keine Feuchtigkeit zieht, sollte es zuerst mit Lack versiegelt werden. Nach der Trocknung erhält das Gebäude einen Anstrich mit grauer und leicht mit braun gebrochener Dispersionsfarbe. Kurz bevor die Farbe ganz trocken ist, wird mittels eines Borstenpinsels eine raue Oberflächenstruktur aufgetupft. Die 21 x 10 mm große Tür sowie das 6 x 6 mm große Lüftungsgitter entstehen aus dünnem Karton und werden seidenglänzend grün lackiert. Danach bekommt die Tür 11 mm über der Unterkante einen Griff aus gebogenem 0,5 mm-Draht, desweiteren sollten Verriegelungshebel aus demselben Material angebracht werden, sie liegen je 3 mm vom oberen bzw. unteren Rand entfernt. Ein Blitzsymbol und eine Nummer zur Bezeichnung vervollständigen das »Outfit«. Danach wird die Türe an einer Längsseite aufgeklebt. Das Lüftungsgitter erhält seinen Platz mittig an der rechten Schmalseite 16 mm über dem Boden. Nun fehlt noch das Dach: Es entsteht aus 1 mm dickem Karton und hat die Abmessungen 20 x 18 mm. Dunkelgrau gestrichen, wird es auf den Klotz aufgeklebt. Je nach Geschmack kann das Häuschen noch durch ein moosiges Dach oder eine dezente Alterung gesupert werden.

Die aufwändigere Alternative besteht aus Kunststoffplatten. Diese Bauweise bietet die Möglichkeit, beispielsweise eine Revision mit einer geöffneten Türe nachzubauen.

Platziert wird das Trafohäuschen auf einer Grundplatte aus Beton oder Gehwegplattennachbildung überall dort, wo es benötigt wird. Zum Schutz vor unliebsamen Besuchern dient ggf. ein Zaun.

Streckensockel aus Beton

Das Vorbild

Signale, Fernsprecher oder gar Fernsprechbuden auf freier Strecke stehen nicht einfach auf dem blanken Boden, sondern auf einem Sockel. Einerseits sorgt dieser für Stabilität, andererseits für ein Angleichen des Bodenniveaus an die obere Kante des Schotterbettes. Beton ist hier der Baustoff erster Wahl, da er einfach in der Verarbeitung und dauerhaft stabil ist. Daher hat die in den dreißiger Jahren aufgekommende Stampfbetonbauweise eine rasche Verbreitung gefunden und ist noch heute überall zu finden. Die ebene und schlichte Oberfläche des Materials eignet sich optimal zur einfachen und kostengünstigen Nachbildung.

Ebenfalls nachbildenswert ist ein mit Steinen verkleideter Sockel, vor allem dann, wenn er wie beim Vorbild wegen der Geländeverhältnisse auch noch mit einem Geländer versehen ist, damit der telefonierende Zugführer nicht den Abhang hinunterkullert. Derartige Sockel finden sich an den Standorten von Signalanlagen eines

Signalanlagen, Fernsprecher und Strommasten brauchen ein solides Fundament, Beton ist oft das Material erster Wahl.

Bahnhofes, Geschwindigkeitstafeln auf freier Strecke, aber auch dort, wo erschwerte Betriebsbedingungen auftreten können und eine Meldung an den zuständigen Bahnhof nötig wird, wie zum Beispiel an Bahnübergängen, Fabrikanschlüssen oder Viadukten.

Der Nachbau im Modell

Für den Nachbau im Modell sind nur wenige Werkzeuge und Materialien nötig: Eine Feinsäge, ein Messer, ein Spachtel, ein kleiner Bohrer, ein Borstenpinsel sowie Zollstock und Bleistift genügen, als Baumaterialien benötigt der Bastler einen Holzklotz als Kern, Weißleim, Spachtelmasse, Abtönfarben, Furnierreste – und natürlich all das, was der Sockel zu tragen hat.

Ein Signalsockel auf freier Strecke: Das Modellautorenteam nutzt gerade eine Zugpause zum Feststellen der Vorbildmaße.

Aus weichem und möglichst verzugsarmen Holz (Balsa oder Limba, gibt es als Reste in jeder Schreinerei) entsteht der Kern des Sockels. Die Höhe sowie die Schräge zum Anschluss an das Schotterbett richtet sich nach den Vorgaben des verlegten Gleises, die Länge eines Signalsockels sollte ca. 28 mm, die eines Sockels für einen Streckenfernsprecher ca. 20 mm betragen. Der Kern wird so zugeschnitten, dass er an allen Außenflächen einen Millimeter kleiner ist, um noch eine Schicht Spachtelmasse aufnehmen zu können. Befestigt wird der Klotz nun mit Weißleim und gegebenenfalls einer Schraube, Testfahrten stellen sicher, dass die Profilfreiheit gewahrt bleibt.

Wichtig für die vorbildgerechte Wirkung ist die Gestaltung der Oberfläche. Aus Spachtelmasse, etwas Weißleim und Wasser wird ein zähes Gemisch angerührt, empfehlenswert ist die Zugabe von etwas schwarzer Abtönfarbe, um das leuchtende Weiß der Gipsmasse zu nehmen. Wird der Sockel irgendwann beschädigt, fällt dies dann kaum auf. Aufgetragen wird die Masse mit einer flachen Spachtel, nach dem aushärten kann die Oberfläche zusätzlich ebengeschliffen werden.Die Struktur der Schalungsbretter der Vorbildsockel wird mit einer kleinen Feile und einem Bastelmesser in die ausgehärtete Spachtelmasse graviert, auch an ein »Ausbrechen« der Ecken und Kanten sollte gedacht werden.

Bevor jedoch die Spachtelmasse aufgebracht wird, erhält der Holzklotz einen Auftrag aus Weißleim, um eine feste Verbindung zu erreichen. Der Leim sollte eine halbe Stunde ziehen und nicht mehr flüssig sein.

Nach dem Aushärten und der Feingravur des Überzuges muss der Sockel noch eingefärbt werden: Hierzu wird Abtönfarbe hellgrau mit einem deutlichen Anteil an ocker und braun gemischt und flächig aufgetragen. Ist die Grundfarbe abgetrocknet, werden alle Vertiefungen dunkler abgesetzt, auch bodennahe Teile bekommen mittels eines Borstenpinsels aufgetupfte dunklere bis moosiggrüne Farbtöne, und zum Schluss werden alle Erhöhungen und Kanten hellgrau bis weiß mit fast trockener Farbe hervorgehoben. Ein Geländerrest aus der Bastelkiste vervollständigt das Werk, das nun in üblicher Weise an das Gelände angepasst und durch die Montage des Signals, des Fernsprechers oder anderer Utensilien seinem eigentlichen Verwendungszweck zugeführt wird.

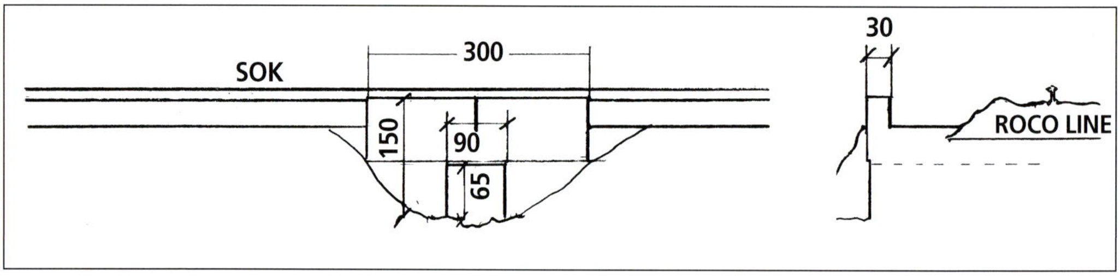

Bachquerung aus Beton

Das Vorbild

Klassische Brücken sind nicht die einzigen Kunstbauten, die es der Bahnstrecke erlauben, kleinere Bachläufe oder Furten zu überwinden. Sind dem Vorbild kleine Rinnsale im Weg, so werden diese oft durch grössere Rohre oder gemauerte, bei neueren Strecken auch betonierte Durchlässe geleitet, zusätzlich kann ein kleiner Randweg mit einem Eisenträger oder einem Betonfertigteil ebenfalls das Hindernis überqueren. Diese »Minibrücken« nachzubilden ist nicht schwierig und sie bereichern die Anlage um ein vorbildgerechtes Detail.

Der Nachbau im Modell

Unser Vorbild ist in Betonstampfbauweise erstellt und schließt sich optimal an das vorangegangene Kapitel an. Alle Werkzeuge und Materialien können weiterverwendet werden.

Als Standort eignet sich am besten ein Bahndamm, der durch unbebautes Gebiet führt. Wird die Bastelei nachträglich in eine schon beste-

Mit der gleichen Gestaltungstechnik, die bei der Herstellung von Streckensockeln Verwendung findet, können auch alle anderen Betonbauten nachgebildet werden, hier die beschriebene Bachquerung einer Hauptbahn.

hende Anlage integriert, baut der Bastler die Brücke einfach an die Trasse an, imitiert die Öffnung des Durchlasses mit mattschwarzer Farbe und tarnt die »Mogelpackung« mit Gestrüpp.

Wird der Durchlass schon beim Bau eingeplant, kann er natürlich richtig durchgestaltet werden. Mit Ausnahme der Oberflächengestaltung ist die Nachbildung eines Beton- bzw. eines gemauerten Durchlasses gleich. Alle Maße des dargestellten Bauwerkes können der Skizze entnommen werden, sie sind jedoch variabel und können den eigenen Gegebenheiten angepasst werden. Ausgangsmaß ist die Grösse der Öffnung, die 0,7 x 0,8 m (H0 8 x 9,5 mm) groß sein sollte. Auf das Trassenbrett wird rechts und links je eine 35 x 8 x 4 mm große Leiste aus Sperrholz aufgeleimt, die die oberen Träger darstellt. Aus Zeichenkarton entsteht ein Schacht mit den benötigten Maßen, soll ein Rohr als Durchlass dargestellt werden, wird dieses verwendet. Ist der Schacht mittig befestigt, werden die Seitenwände zugeschnitten und ebenfalls angeleimt.

Spachteln, Gravieren und farbliche Nachbehandlung schließen sich an. Soll neben der Trasse ein Randweg das Hindernis queren, empfiehlt sich die Verwendung eines reichlich bemessenen Doppel-T-Profiles aus Kunststoff.

So in den Damm eingefügt, mit Gestrüpp verziert, und einem kleinen, in den Sommermonaten fast ausgetrockneten Rinnsal aus glänzendem Klarlack verziert, ergibt sich eine neue abwechslungsreiche Ansicht, besonders bei langen Trassen...

Indusimagnet

Das Vorbild

Die Induktive Zugsicherung (Indusi) sorgt für Sicherheit im Eisenbahnverkehr. Mit am Gleis bzw. an den Triebfahrzeugen angebrachten Magneten wird verhindert, dass ein Zug beispielsweise ein Halt-zeigendes Signal überfährt oder zu schnell in eine Geschwindigkeitsbegrenzung rollt. Das Magnetfeld des am Gleiskörper befestigten Magneten induziert einen Stromimpuls über den an der Lokomotive oder am Steuerwagen befestigten Magnet, so dass bei der Durchfahrt eines Zuges an einem Halt zeigenden Signal eine Zwangsbremsung ausgelöst wird. Indusimagnete sollten deshalb auch kurz vor einem Signal plaziert werden. Da Indusimagneten bereits in der Epoche 2 Verwendung fanden, steht deren Nachbildung auch ein bei Anlagenthemen der Reichsbahnzeit zumindest auf Hauptstrecken nichts im Wege.

Der Nachbau im Modell

Ausgangsmaterial für den Nachbau sind Kunststoffprofile. die angegebenen Maße gelten für die Baugröße H0, die Größe eines Vorbildma-

Ein kleines Detail, dessen vorbildgerechte Wirkung überzeugt. Die gelbe Farbe erleichtert zudem das Auffinden der kleinen Kostbarkeit im Graubraun des Modellschotters.

gneten beträgt 640 x 200 x 190 mm. An Werkzeugen benötigt der Bastler einen Messschieber, ein Lineal, ein Bastelmesser, eine Flachfeile und einen kleinen Pinsel, neben den Kunststoffprofilen ist schwarze und gelbe Farbe von Nöten.

Ein Indusimagnet besteht aus fünf Teilen:

Ein viereckiger Grundkörper der Größe 7,3 x 2,0 x 2,0 mm; eine Deckplatte 7,3 x 0,5 x 2,2 mm; ein seitlicher Anschlusskasten 2 x 1 x 1 mm; ein kurzes Stück 0,3 mm-Draht als Anschlusskabel; ein dünner Drahtstift zur Verankerung im Schotterbett.

Sind alle Teile zugeschnitten, beginnt die Montage mit dem Haltestift, er wird mittig in eine passende Bohrung des Grundkörpers gesteckt und festgeklebt. Nun wird die Deckplatte aufgeklebt. Nach dem Trocknen werden die Enden schräg in einem Winkel von ca. 30° von oben nach unten (Stiftseite) zulaufend gefeilt. An die schienenabgewandte Seite wird mittig der Anschlusskasten geklebt, abschließend erhält der Kasten eine Kabelatrappe. Schließlich erhält der Magnet einen gelben Anstrich, je nach Geschmack darf er auch schwarz bis rostig-braun aussehen. Angeschlossen wird der Magnet mittels eines Gleisanschlussgehäuses (s.S. 46). Montiert wird der Magnet kurz vor einem Signal eben mit der Schienenoberkante, ca 2 mm (15 cm) von der Schiene entfernt am Rand des Gleises.

Schwellentreppen

Das Vorbild

Ausgemusterte Holzschwellen sind nicht nur bei Gartengestaltern sehr beliebt, auch so mancher Bautrupp der Bahn weiß um den Wert der alten Schwellen. Verbaut wurden und werden die Schwellen in vielfältiger Weise, beispielsweise als Kohlebansen oder Bohlenwege. Daneben eignen sie sich vorzüglich zur Anlage von Treppen an Bahndämmen oder Bahnhöfen auf Wegen, die nicht gerade dem öffentlichen Zugang dienen.

Das Modellautorenteam inspiziert gerade eine Schwelltentreppe, die wohl auf Grund ihrer Lage etwas vermoost und damit rutschig ist.

Der Nachbau im Modell

Als Baumaterial eignet sich am besten Balsaholz aus dem Flugzeugmodellbau, bietet es doch eine natürliche Oberflächenstruktur, und ist leicht mit einem Bastelmesser zu bearbeiten. Neben dem 2,5 mm (H0) dicken Balsaholz und etwas dunkelbrauner Farbe, werden nur Bastelmesser, Lineal, Bleistift und Weißleim benötigt.

Von dem Balsaholz wird entgegen der üblichen Weise quer zur Faser ein 2,5 mm breiter Streifen in mehreren Schneidgängen ohne großen Druck abgeschnitten. Im nächsten Arbeitsschritt wird eine Kante schräg geschnitten, so das aus dem 2,5 x 2,5 mm-Quadrat ein Dreieck entsteht. Geübte Bastler können das Dreieck natürlich auch gleich herausschneiden.

Auf einem alten Holzbrett werden im Abstand einer Stufenlänge (in H0 6 mm) Markierungen aufgezeichnet. Nun können die Stufen leicht von dem Streifen abgeschnitten werden, indem die Stirnkante an den ersten Strich angelegt und an der anderen Markierung abgeschnitten wird. Da die Fasern längs verlaufen, ist dies eine leichte und schnelle Arbeit.

Der Untergrund der Treppe wird einfach aus einer Furnierplatte hergestellt, ist bereits ein Damm oder eine Schräge vorhanden, können die Stufen auch direkt aufgeklebt werden.

Entlang eines aufgezeichneten Striches werden die Stufen von unten beginnend mit der Schräge nach hinten aufgeleimt. Ist der Leim getrocknet, wird die Treppe dunkelbraun gestrichen, je nach Standort sollten mittels dunkelgrüner Farbe Moos oder Flechten dargestellt werden.

Signalfernsprecher

Das Vorbild

Signal- oder Streckenfernsprecher sind wichtige Bestandteile zur sicheren Abwicklung des Zugverkehres. Stand ein Zug vor einem Halt-zeigenden Signal oder lag gar eine Signalstörung vor, so konnte sich der Lok- oder Zugführer mit dem zuständigen Stellwerk oder Fahrdienstleiter verständigen. Selbst im Zeitalter des Zugbahnfunkes haben die Fernsprecher ihre Bedeutung nicht ganz verloren, sie ermöglichen es z. b. einem Bautrupp oder einem Streckenkontrolleur, im Bedarfsfall mit dem nächsten Bahnhof, Stellwerk oder Vorgesetzten in Verbindung zu treten.

Das Vorbild kennt sowohl offene als auch geschlossene Bauarten, die charakteristischen Wellblechbuden mit dem großen »F« sind wohl jedem Eisenbahnfreund bekannt. Unser Vorbild ist ein offener Fernsprecher. Dessen Nachbau ist zwar etwas schwieriger, die Wirkung ist jedoch enorm. Das Grundgerüst des Fernsprechers bildet ein Betonsockel ähnlich dem Signalsockel (s. S. 40), allerdings mit einem etwas kürzeren Richtmaß von 180 cm. Ein Geländer sichert den Fernsprecher an der dem Gleis abgewandten Seite ab. Der eigentliche Fernsprecher besteht aus einem Dach, einem Grundkörper sowie einer Standsäule. Die Maße sind wie folgt: Grundkörper 80 x 55 x 30 cm, Gesamthöhe ohne Dach 180 cm, Höhe der Standsäule 100 cm, Dachüberstand seitlich 8 cm, vorn 30 cm, Winkel der Dachschräge ca. 50°. Entlang der Standsäule läuft die Zuleitung, ein großes schwarzes »F« auf weißem Grund weist auf den Fernsprecher hin. Die eigentlich hellgrauen Fernsprecher kommen »dank« Flugrostes nicht selten eher unansehnlich daher...

Der Nachbau im Modell

Für ein H0-Modell benötigt der Modellbahner Balsaholz für den Grundkörper (12 x 7 x 3 mm), zwei Kunststoffplatten für das Dach (0,5 mm dick, 6 x 4,5 mm), einen Nagel oder ein Stück Draht (Durchmesser 1 mm), etwas 0,3 mm-Draht zur Nachbildung der Telefonleitung, einen dünnen Karton als Türe (7 x 5 mm), hellgraue Farbe, Spachtelmasse, Universalkleber sowie ein »F« aus der Bastelkiste. Notwendige Werkzeuge

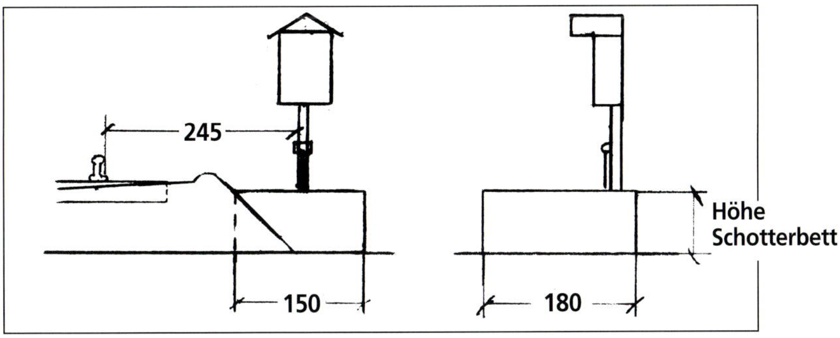

So ein Signalfernsprecher wirkt im Modell sehr gut, Bastelspaß und geringe Kosten inklusive.

sind ein Bastelmesser, ein Maßstab, ein 1 mm-Bohrer, eine kleine Feile, Schleifpapier Körnung 120 sowie ein kleiner Pinsel.

Zunächst wird der Grundkörper zugeschnitten, gespachtelt und geschliffen. Zuvor muss allerdings noch die Dachschräge angeschnitten werden, sie beginnt 10 mm oberhalb der Unterkante der schmalen Längsseite. Am hinteren Ende der Unterkante wird mittig vorsichtig ein 1 mm-Loch gebohrt, in das eine 15 mm lange Standsäule eingeklebt wird.An der Vorderseite des Grundkörpers findet die Türe ihren Platz, sie wird einfach aufgeklebt, genauso wird mit dem Dach verfahren.

Nach dem Trocknen wird der Fernsprecher hellgrau gestrichen. Die Zuleitung sollte dunkelgrau bis schwarz eingefärbt werden, bevor sie an die Vorderseite der mittelgrau lackierten Standsäule geklebt wird. Abschließend erhält die Tür das charakteristische »F«.

Rostbraune Farbe gibt dem Telefon die vorbildgerechte Patina, ehe es auf dem vorbereiteten Sockel seinen Platz findet – der Abstand des Telefonkastens vom Sockel beträgt etwa 10 mm.

Gleisanschlusskästen

Das Vorbild

Signale, Indusimagnete, Achszähler und Gleisbesetztmelder – das sind nur einige technische Einrichtungen der großen Eisenbahn in unmittelbarer Nähe der Gleise. Sie alle werden mit Strom betrieben und deshalb bedarf es neben den den Zuleitungen auch kleiner Transformatoren und Schalteinrichtungen, die in Anschlusskästen untergebracht sind. Für die Modellbahn genügt es, zwei Arten zu unterscheiden: Die kleineren sind 20 cm hoch und 24 x 17 cm groß, sie dienen dem Anschluss der meisten Geräte. Die größeren sind 30 cm hoch und 38 x 38 cm groß, sie dienen dem Anschluss der Gleisbesetztmeldungen sowie der Blocksicherung. Daher sollten sie in Bahnhöfen vor und hinter einem Gleisabschnitt (z. b. hinter einer Weiche) postiert werden. Auch vor und hinter Signalanlagen sind geeignete Standorte. Platziert sind die Anschlusskästen am Rand des Schotterbettes. Die Unterteile sind schwarzgrau, die Deckel meist gelb lackiert.

Der Nachbau im Modell

Die Kästen im Maßstab H0 entstehen einmal mehr aus Kunststoffprofil (-resten). Benötigt werden wird für kleine Kästen ein Kunststoffprofil 3 x 2 mm und für große ein Profil 4,5 x 4,5 mm, außerdem eine 0,5 mm dicke Kunststoffplatte, dunkelgraue und gelbe Farbe und etwas Kunststoffkleber. Ausgestattet mit Bastelmesser, Feile und Pinsel kann die Feierabendbastelei beginnen.

Die kleinen Schaltkästen werden einfach aus einem Stück gefeilt. 1 mm unterhalb der Stirnkante des Profils werden die Kanten gleichmäßig von jeder Seite nach oben zur Mitte hin abgerundet. 3 mm von der Stirnkante entfernt wird der Kasten nun abgeschnitten, dann erhält der Rohling an einer Seite eine 6 x 0,5 mm große Befestigungsschiene, die aus der Kunstoffplatte heraus geschnitten wird. Das obere Drittel des Kastens wird gelb, der Rest grau lackiert, dann ist der Anschlusskasten einsatzbereit und kann im Gleisbett mit 1 mm Luft zum Boden eingebaut werden.

Der große Anschlusskasten besteht aus drei Teilen, Grundkörper ist ein 4,0 x 4,0 x 2 mm großer Würfel. Auf ihn wird eine 4,5 x 4,5 mm grosse Platte mit gleichmäßigem Überstand geklebt, auch sie stammt aus der Kunststoffplatte. Aus dem gleichen Material ist der Deckel, dieser ist 4 x 4 mm groß und wird auf die vorherige Platte geklebt. Auch in diesem Fall ist eine abschließende Lackierung nach obigem Muster fällig, danach erfolgt der Einbau. Damit die Kästen ihre Aufgabe erfüllen können, benötigen sie zum guten Schluss noch einen Kabelanschluss.

Abgebaute Strecken, alte Gleisanlagen

Das Vorbild

Der Rückzug der Eisenbahn aus der Fläche hinterlässt in vielen Fällen unübersehbare Spuren. Zwar eignen sich stillgelegte Strecken als Vorbild für die Modellbahn wohl eher nicht, denn man will ja Züge fahren lassen – doch als gestalterisches Element bringen die Reste ehemaliger Ei-

Gleisanschlusskästen sind beim Vorbild so zahlreich, das sich eine größere Bestellaktion an die Firma »Bastel und Feil« durchaus lohnt. Die vorbildgetreue Wirkung ist erheblich.

Ein aus alten Schwellen gebildetes Kreuz macht eine stillgelegte Strecke unpassierbar.

Eine Autobahn für Radfahrer, die ehemalige Kursbuchstrecke 327 F Leinfelden–Waldenbuch, die erst am 23. 6. 1928 eröffnet und bereits am 1. 10. 1956 stillgelegt wurde. Nach dem Abbau der Gleisanlagen 1972 ist das Schotterbett mit einer Teerdecke versehen und zum Rad- und Wanderweg degradiert worden.

Während auf dem hinteren Gleis ein Nahverkehrszug vorbeifährt, kann die ehemalige Strecke im Vordergrund nur noch als Abstellgleis dienen.

Die Umsetzung einer abgebauten Bahnstrecke im Modell, besonders der seitlich zu sehende Schotter weist auf die ehemalige Bahnlinie hin.

senbahnherrlichkeit Leben auf die Anlage, grade weil sie tot sind. Zum Nachbau eignen sich insbesondere »rückgebaute« Bahnhofsgleise, auch der noch sichtbare ehemalige Abzweig einer Neben- oder Schmalspurbahn im Bahnhofsbereich lässt sich problemlos gestalten.

Die entsprechenden Vorbildsituationen sind zahlreich und vielfältig. Da gibt es zuweilen überwucherte, aber noch gut erkennbare Bahndämme, mitunter wird die einstige Bahnanlage nach dem Entfernen der Gleisjoche als Parkplatz genutzt, an die Eisenbahn erinnert womöglich noch eine Denkmallok, ein altes Signal oder einfach ein Treibradsatz einer Dampflok. Legendär ist die Umwidmung einer stillgelegten Eisenbahn zu einem Rad- oder Wanderweg, auf die Vergangenheit weist womöglich die aufwendige Kreuzung der Hauptbahn mittels einer kleinen Brücke oder Unterführung hin.

In der Epoche 5 können rückgebaute Gleisanlagen ganz einfach durch das Herausnehmen des berüchtigten »Schienenmeters« oder einer Weichenzunge nachgebildet werden, dies ist zugleich eine gute Möglichkeit, den Bautrupp samt dessen Bauzug nachzubilden. Vorbildgerechte Modellbahnen der Epochen 4 und 5 sollten zumindest eine Sparte des Themas enthalten – und wenn es »nur« die geschmückte Lok des Abschiedszuges ist.

Der Nachbau im Modell

Baubeschreibungen für den Nachbau aufgegebener Gleisanlagen, Trassen, rückgebauter Bahnhöfe oder Lokbehandlungsanlagen zu geben, würde ein eigenständiges Buch locker füllen. Daher wollen wir uns auf ein paar Hinweise beschränken, die Anregungen zum eigenen Nachforschen geben können.

So ziemlich alles, was in den Tiefen der Bastelkiste zu finden ist, lässt sich unter dem gestellten Oberthema verwenden. So könnte etwa ein frisch abgebautes Streckenstück mit den aufgestapelten Gleisjochen aus alten Gleisen entstehen, alte Güterwagen können als zugewachsene Relikte auch auf der Modellbahn an bessere Zeiten erinnern. Lange Grasfasern und Schaumstoffflocken eignen sich zum Verkrauten von Schutz- oder wenig befahrenen Gleisen. Ein Radweg auf einem alten Bahndamm ist ein Blickfang, dessen Details sich erst bei genauem Hinsehen offenbaren. Er ist einfach aufgebaut, seitlich liegt vielleicht noch alter Schotter, Buschwerk und hohes Gras wuchern, womöglich stehen gar noch die Telegrafenmasten entlang der ehemaligen Strecke. Auch die Stellmechanik einer längst nicht mehr vorhandenen Handweiche ist immer eine Bastelei wert.

Es muss nicht immer eine Straße sein, die »ungenutzte Modellbahnecken füllt – ein ehemaliger Bahnhof ist ein schöner Blickfang, es muss ja nie ein Modellgleis dort gelegen sein. Und die örtliche Bevölkerung freut sich bestimmt auch über ein kleines Schmalspurmuseum im früheren Bahnhof…

Kleine Bahnübergänge

Das Vorbild

Kleine Bahnübergänge an eingleisigen Nebenbahnen oder auch an Schmalspurbahnen können sehr interessant sein. Dabei sind weniger die Hochbauten gemeint, denn die beschränken sich zumeist auf Andreaskreuze – Beachtung verdienen vielmehr die Ausführung der Straße oder des Weges und die Ausführung des Überganges zwischen den Gleisen.

Alle Modellmaße können der Zeichnung entnommen werden, sie sind jedoch nicht bindend und können angepasst werden. Wichtiges Merkmal eines solchen Bahnüberganges ist die Außenkante des Straßenbelages zwischen den Schienen. Meist ist dies eine alte Schiene, eine Holzbohle oder ein Metall-L-Profil. Alte Schienen stehen meist 1 - 1,5 m über die Stirnkante des Belages hinaus und sind an ihren Enden abgeschrägt, wodurch außermittig laufende Radsätze so geführt werden, dass sie den Bahnübergang anstandslos passieren. Das Übergangsteil der Straße sollte je Seite 40 cm überstehen und zwar nicht nur zwischen den Schienen, sondern auch auf jeweils ca. 30 cm Breite an der Schienenaußenkante. Profilfrei stehen links und rechts der Straße auf beiden Seiten des Gleises die Andreaskreuze.

Der Nachbau im Modell

Wichtigste Entscheidung bei der Ausführung des Bahnüberganges ist die Frage nach dem Straßenbelag. Auch bei geteerten Straßen kön-

Noch eine Nummer einfacher als die im Text beschriebene Bauform ist dieser Bahnübergang an der Chiemseebahn im Bahnhof Stock. Hier wurde sogar auf die Einfasung des Straßenbelages zwischen den Schienen mit einer Kante verzichtet. Bemerkenswert ist daneben aber auch die »saisonale« Aufstellung des Andreaskreuzes – auch dies eine Anregung, die auf der Modellschmalspurbahn leicht umgesetzt werden könnte.
Foto: Jacobson

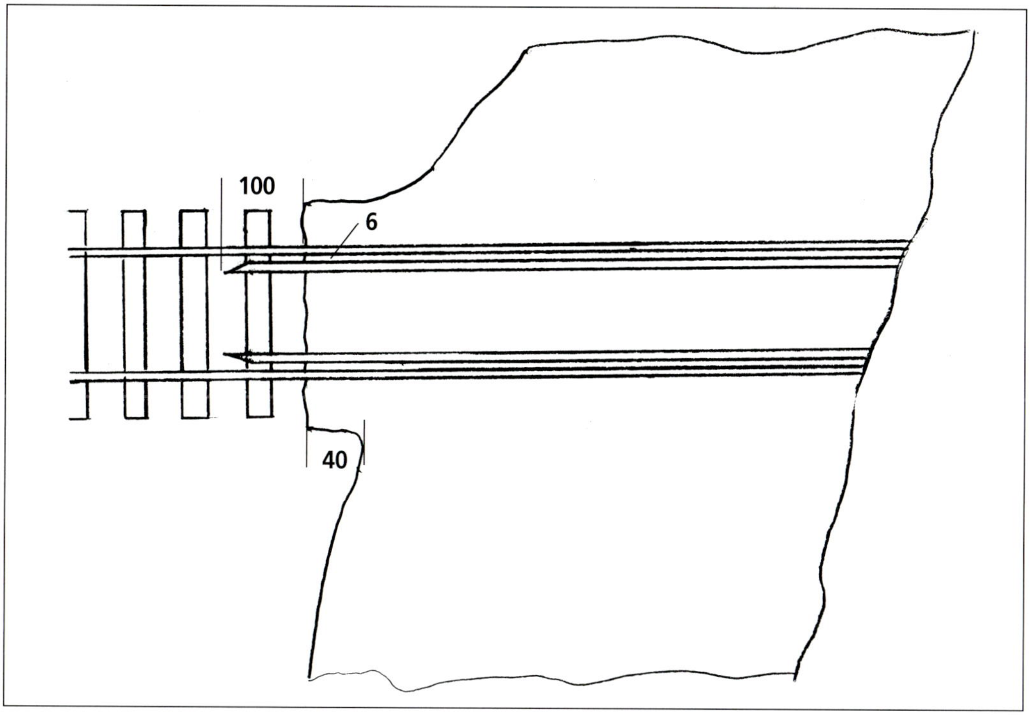

nen die Übergänge mit Kopfsteinpflaster belegt sein, ebenso können aber auch Kopfsteinpflasterstraßen einen geteerten Überwegsteil haben. Kopfsteinpflaster eignet sich im Übrigen gut zum Nachbilden eines Überwegs bei Mittellleitersystemen, die Strukturplatten aus Kunststoff lassen sich leicht an den Stellen der Kontaktstifte mit einem 0,5 mm Bohrer ausbohren und genau zuschneiden, um die Punktkontakte durchzuführen. So können ohne große »Schmierereien« vorbildgerechte Übergänge erstellt werden.

Die Nachbildung einer Schwarzdecke aus einem Gemisch aus Gips, Leim und Farbgemisch ist dagegen billiger und schneller. In beiden Fälen ist es wichtig, die Zwangsschienen (oder Holzbalken) passend einzukleben. Das benötigte Innenmass richtet sich nach der Baugröße, dem Gleissystem und den Fahrzeugen und wird am besten durch Testfahrten ermittelt. Nun sollte der Überweg noch an das Straßennetz angeschlossen und mit den von der StVO vorgeschriebenen Verkehrszeichen gesichert werden – sonst haftet der Modellfahrdienstleiter am Ende für zerstörte Wiking-Autos...

»Die moderne Bahn kommt« – und die letzten Überbleibsel einer ehemaligen Epoche werden außer Kraft gesetzt.

Ungültigkeitskreuze

Das Vorbild

Dass die Lokführer der echten Bahn wie auch Autofahrer Verkehrszeichen beachten müssen, ist bekannt, allerdings heißen diese bei der Eisenbahn Signale. Üblicherweise bemüht sich die Bahn beim Aufstellen von Signalen um Eindeutigkeit und es gilt für jedes Gleis jeweils genau ein Signal. Doch es kommt immer wieder vor, dass (zeitweise) verschiedene Signale zugleich und neben- oder hintereinander stehen, beispielsweise beim Umbau einer Strecke oder bei der Umstellung von Form- auf Lichtsignale.

Für den Lokführer wäre ohne das Ungültigkeitskreuz nicht zu erkennen, welches Signal im Moment für ihn gilt – das Chaos wäre vorprogrammiert, wenn es nicht dieses Zusatzsignal gäbe. Das Ungültigkeitszeichen ist ein weißes Kreuz in unterschiedlicher Größe, welches auf die Signalschirme oder -flügel der nicht in Betrieb befindlichen oder noch nicht gültigen Signale angebracht wird.

Wie im Vorbild kann dieses Nebeneinander von alt und neu auch auf der Modellbahn sehr reizvoll sein, überdies ist es höchst einfach nachzubauen.

Der Nachbau im Modell

Das teuerste am Nachbau dürfte das erforderliche Signal sein, doch eignet sich hierfür auch das längst nicht mehr benötigte (Hand-)Signal aus der Startpackung oder ein defektes Modell vom Flohmarkt. Aus weißem Pappkarton oder starkem Papier werden zwei dünne Streifen ausgeschnitten und passend abgelängt. Bei 2-begriffigen Signalen müssen natürlich für jedes Signal zwei Streifen geschnitten werden. Danach werden die Streifen in Kreuzform über das Signal geklebt. Nach Trocknen des Klebers wird das Signal an beliebiger, aber sinnvoller Stelle in die Anlage eingebaut. Mit dem Signal können dabei Streckenabschnitte aufgelockert oder neue Akzente gesetzt werden.

Jenseits der Gleise

In Haus und Hof

Eisenbahnen dienen im Original dazu, Menschen und Güter von einem Ort zum anderen zu befördern. Insbesondere die kleinen Eisenbahnen sind deshalb sehr oft nahe an Ortschaften und nicht selten gar mitten hindurch gebaut worden, um möglichst viele potentielle Fahrgäste zu erreichen. Für uns Modellbahner ist das Grund genug, ebenfalls Häuser und Siedlungen aller Größen und Baustile auf die Anlage zu bauen. Die Auswahl an Gebäudebausätzen aller Arten ist sehr groß und erfüllt fast alle Wünsche. Großstadtfans werden ebenso fündig wie Anhänger romantischer Fachwerke oder Freunde schweizerischer Berghäuser. Es gibt auch geschickte Hobbykollegen, die Originalgebäude im kompletten Selbstbau erstellen und dadurch der Anlage eine gewisse Individualität geben.

Aber auch Modellbahner, die vor dem Selbstbau zurückschrecken, weil sie sich die Geduld und das Geschick nicht zutrauen, können aus den Massenprodukten der Industrie durch Umbauten und farbliche Nachbehandlung dennoch Einzelstücke erschaffen und der Anlage ihren persönlichen Stempel aufdrücken.

Das »Flair« eines Hauses oder einer Siedlung wird jedoch nicht zuletzt von vielen Kleinigkeiten geprägt, die im Modell viel zu selten zu finden sind. Diese Feinheiten können mit wenig Aufwand in Zeit und Kosten selbst gebastelt werden und nachträglich der Anlage zu einem eigenen Gesicht verhelfen. Ein kleiner Spaziergang durch die eigene Wohnsiedlung lässt uns die vielen kleinen und im ersten Moment unscheinbaren Details in Haus und Hof erkennen. Da ist zum Beispiel nicht zu übersehen, dass das

2

Auto einen großen Stellenwert für die Bewohner hat und einigen Platz im Hof benötigt. Es werden dafür extra Garagen und Carports gebaut, in einfacheren Fällen auch nur Abstellplätze innerhalb des Grundstückes. Dort trifft man dann die Besitzer bei der Wagenwäsche oder bei der Instandhaltung und beim Tuning des guten Stückes. Zum Ausruhen nach dieser anstrengenden Arbeit dienen Tische und Stühle auf der Terrasse, die oft direkt an das Haus angebaut ist. Auf dem angrenzenden Stück Rasen ist für die Hauswäsche eine Wäscheleine an zwei Pfosten befestigt. Für den Haushund befindet sich im Garten ein Zwinger mit genügend Auslauf und einer Hundehütte. Sehr beliebt sind kleine oder größere Teiche und manchmal auch ein Swimming-Pool im Garten. Das restliche Grundstück wird in Form eines Nutz- oder Ziergartens der Natur gewidmet, wobei je nach Vorlieben des Besitzers der eine oder andere Teil überwiegen kann. Im Nutzgarten sind Frühbeete, Bohnenstangen und Vogelscheuchen zu entdecken, aber auch ein Kompost für den biologischen Abfall. Die an der häuslichen Dachrinne angeschlossene Regentonne dient als Wasserreservoir. Der Ziergarten glänzt durch farbige Blumen und Sträucher, aber auch Blumenkübel oder Pflanzen, die an den Hauswänden empor ranken, fallen dem Betrachter auf. Die Grundstücksbegrenzung säumen Heckengewächse, aber auch Zäune oder Mauern.

Auch die Häuser selbst strahlen durch viele Details Leben und Individualität aus, die sich auch im Modell leicht nachbauen lassen. Dazu gehören der Windfang vor dem Eingang und der Briefkasten an der Hausecke, aber auch den Balkon überspannende Markisen oder eine Terrasse mit einer Pergola. Geranienkästen an den Fenstern oder einfach nur geöffnete Fenster und Türen beleben die Gebäudefront. Initialien oder Jahreszahlen aus der Entstehungszeit wurden früher in die Ziegeldächer der Häuser eingearbeitet und haben die Zeitläufte oft bis heute überdauert. Und auch die moderne Zeit hinterlässt in Form von Graffiti und Zigarrettenautomaten Spuren an Hauswänden.

Noch vieles könnte aufgezählt werden, aber der Platz ist beschränkt – und schließlich macht es großen Spaß, die vielen Details selbst zu finden und eine Umsetzung in den Modellmaßstab zu versuchen: Viel Vergnügen...

Bürgersteige

Das Vorbild

Bürgersteige sind wichtige Bestandteile des Straßennetzes in größeren Siedlungen und dienen der Sicherheit von Fußgängern, indem sie deren Wege von der Fahrbahn trennen. Die erhöht angebrachten Wege laufen ein- oder zweiseitig entlang der Straße. An Einmündungen oder Einfahrten sind sie meist gegen die Fahrbahn abgesenkt. Wichtiger Bestandteil eines Bürgersteiges ist der 100 x 10 x 15 cm große, meist aus Beton gegossene Randstein. Als Deckbelag wurden früher quadratische Betonguss-Platten mit einer Kantenlänge von 30 cm bis 50 cm verwendet, heutzutage hat auch hier die übliche Schwarzdecke Einzug gehalten.

Der Nachbau im Modell

Modellstraßen werden auf Modellbahnanlagen nicht selten etwas stiefmütterlich behandelt, denn es genügt nicht, einfach nur eine graue Straße auf ein Brett zu malen oder zu kleben. Auch Straßen sind strukturiert und die Bürgersteige sollten erhöht ausgeführt sein, schon um die Miniaturbevölkerung vor Kurvenschneidern und Rasern zu schützen...

Schwierigste Aufgabe beim Nachbau von Bürgersteigen ist die Imitation der Bordsteinkanten. Der Modellbauer kann sie Steinchen für Steinchen zusammensetzen, braucht dafür aber viel Geduld und Nerven wie Drahtseile. Einfacher, schneller und kostengünstig ist es, das bereits im Abschnitt »Kabelschächte« (s. S. 12) dargestellte Bauprinzip auch hier anzuwenden. Dann könnte der Titel dieser Baubeschreibung auch lauten: »Ein Meter H0-Gehweg in zehn Minuten.

Bürgersteige brauchen Kanten. Das ein Vorbildrandstein 100 cm lang ist weiss das Autorenteam wohl noch nicht.

Ausgangsmaterial ist eine etwa 1m lange Balsaholzleiste 1,2 x 1,8 mm. Mit einer kleinen Feile werden im Abstand von je 9 mm an einer schmalen (Deckseite) und einer breiten Kante (Straßenseite) kleine Kerben so eingefeilt, dass der Eindruck von einzelnen Steinen entsteht. Auch die Abgrenzungen von Ladestraßen oder Bahnsteigkanten lassen sich auf diese Weise schnell herstellen. Zurück zu den Bürgersteigen: Entlang des aufgezeichneten Straßenverlaufes, in diesem Fall eine breite Dorfstraße mit ca. 6 cm Breite, werden die Bordsteinkantenleistchen geklebt. Die Breite des Gehweges beträgt ca. 1 - 1,5 cm. Werden Platten als Deckschicht vorgesehen, verwendet der Bastler am besten handelsübliche Kunststoffplatten, die er auf die richtige Höhe unterfüttert. Eine Schwarzdecke entsteht aus einem Gemisch aus Spachtelmasse, Weißleim und schwarzer Farbe. Es ist ratsam, die eingefeilten Kerben mit Abdeckband abzukleben.

Nach den Anpassungsarbeiten können ausgebrochene Platten, Schlaglöcher oder Ausbesserungsstellen nachgebildet werden. Anschließend wird alles »straßenfarbig« gestrichen, die Randsteine sollten etwas heller oder dunkler abgesetzt werden.

Perfektioniert werden können die Wege nun noch mit Gully, Hydranten oder Schieberschächten.

Autowäsche

Das Vorbild

Eisenbahnen sind das natürlich Hauptthema einer Modellbahnanlage, dennoch ist es gerade das Umfeld, das die gestalterische Würze auf die Miniaturwelt zaubert. Dazu gehören selbstredend Automobile, sie dienen neben der Beförderung von Personen oder Dingen auch anderen Zwecken – so ist das passende Auto zum Beispiel das Statussymbol seines Besitzers, das seine Wirkung freilich erst dann entfaltet, wenn es ordentlich gepflegt ist. Insbesondere in den Epochen III - V zählt daher die sorgfältige Autowäsche zum festen Bestandteil der Wochenendgestaltung und erst das gewachsene Umweltbewusstsein und die damit einher gehenden Vorschriften haben dafür gesorgt, dass der Anblick frisch eingeschäumter Pkw seltener geworden ist. Auf der Modellbahn ist die Gefahr der Umweltverschmutzung geringer, deshalb: Raus mit dem Wagen und frisch ans Werk.

Der Nachbau im Modell

Die »Reihenhausidylle« der Modellbahnanlage wird durch eine gekonnt ins Modell umgesetz-

Samstagnachmittag, irgendwo in Deutschland: Nur ein frisch gewaschenes Auto trägt seinem Besitzer Ehre ein – und die Augen der Nachbarn sind scharf...

te Pkw-Wäsche erheblich aufgewertet. Gestalterisch kann völlig freizügig gearbeitet werden, wenn ein paar Grundtipps beachtet werden:

Autos werden meist nass gewaschen, daher tut Wasser bzw. besser ein Wasserimitat,Not. Glänzender Klarlack ist dafür bestens geeignet, benötigt werden daneben ein geeignetes Pkw-Modell, ein stolzer Besitzer, dünnes Kabel als Wasserschlauch, ein Eimer, etwas weiße Farbe als Schaum und ein Lappen aus Papier. Im Hof oder vor der Garage geparkt, wird das Automodell in mehreren Schritten dünn mit dem Lack bestrichen, noch besser ist die gezielte Verwendung einer Lackierpistole. Wichtig ist, dass der Lack nicht zu dick aufgetragen wird. Neben dem Fahrzeug selbst sollte auch die Umgebung mit Lack eingenässt werden, wichtig ist hier der Grundsatz, dass Wasser immer nach unten fließt.

Die Dekorteile (Wasserschlauch, Eimer und Lappen) werden nun an ihren Stellen platziert, durch das nachträgliche Anbringen wird ein Zukleistern mit dem Wasserimitat verhindert. In den vollständig getrockneten Lack kann mit einem Borstenpinsel noch mit glanzweißer Farbe Schaum aufgetupft werden.

Zum Schluss postiert der Bastler den polierenden oder mit dem Schlauch spritzenden Autobesitzer. Im Übrigen ist es auch reizvoll, »Serienwaschungen« in der Modellstraße zu imitieren, wobei die Fahrzeuge von völlig verdreckt bis zu blitzsauber alle Reinigungsstufen darstellen können...

Hundezwinger

Das Vorbild

An vielen Stellen und in vielen Varianten sind im Großen die Heimstätten von Hunden, den besten Freunden des Menschen, zu finden. Die Rede ist hier von Hundezwingern und -hütten. Es gibt keine einheitliche Bauweise, denn jeder

Hundezwinger ist ein vom Erbauer erstelltes Unikat unter Berücksichtigung des vorhandenen Platzes, der Hundeart und der einzuhaltenden Baukosten bzw. damit verbundenen Baumaterialien. Die Baumaterialien reichen von Zäunen, Holzlatten und Mauern über alte Geräteschuppen bis zu Wellblechplatten. Gemeinsamkeiten gibt es allerdings auch, denn die Umzäunungshöhe sollte so hoch sein, dass der Hund nicht unerwünscht seinen Wohnsitz verlassen kann, (ein Schäferhund sollte schon ein Hindernis von 2 m Höhe vor sich haben). Auch ein wettersicherer Unterschlupf, meist in Form einer Hundehütte, ist vorhanden oder der ganze Bereich ist überdacht. Oft befinden sich diese Quartiere der Vierbeiner im Hinterhof von Fabriken oder Wohnhäusern – und auch nach dem Ableben des Vierbeiners bleiben sie häufig als abschließbarer Abstellplatz oder als Sammelplatz für allerlei Gerümpel erhalten.

Der Nachbau im Modell

Im Modell ist die Variante mit Holzpfosten und Zaun leicht darzustellen. Doch zuerst muß der passende Standort für die Heimat des Modellhundes festgelegt werden, denn wie beim Vorbild hängt auch hier die Größe und Form des Zwingers davon ab. Eine Hauswand kann als Begrenzung bzw. Seite dienen. Danach werden kleine Modellbauvierkantholzleistchen oder Streichhölzer braun gestrichen oder gebeizt. Die Umzäunungshöhe umgerechnet auf den Modellbaumaßstab bestimmt die Länge der Pfosten, wobei bei einem weichen Unterbau die Pfosten auch versenkt eingebaut werden können und damit entsprechend länger bleiben sollten. Die Pfosten werden dann in sinnvollen Abständen entlang der Zwingerumrisslinie senkrecht gesetzt und festgeklebt. Zwei Pfosten sollten den Türrahmen bilden, wobei die Breite des

Endlich kommt Herrchen mit dem Fressnapf: Mittagessen bei Hasso.

Auch wenn die Autoren nur die Größe des Zwingers ausmessen wollen, der Wachhund ist aufmerksam.

Zugangs durch in der Bastelkiste vorhandene (Abfall-) Türen bestimmt wird.

Der Zaun des Zwingers besteht aus einem Abfallstück eines Fliegengitters, welches passend zurechtgeschnitten und mit etwas Zug von außen einmal um den Zwinger herum auf die Pfosten aufgeklebt wird. Der Bereich der Türe sollte dabei freibleiben, wenn eine passende Türe gefunden wurde. Ist dies nicht der Fall, kann der Bereich ebenfalls eingezäunt und mit feineren Holzleistchen ein Türrahmen dargestellt werden. Mit einigen an den Enden angeschrägten Leistchen, die im 45-Grad-Winkel an die Umgrenzungspfosten angeklebt werden, können noch Verstrebungen dargestellt werden.

Das I-Tüpfelchen für den Modellhund in seinem Zwinger ist die Hundehütte. Diese lässt sich aus kleinen Holzabfällen leicht zurechtfeilen oder (besonders im Maßstab H0) auch noch anders darstellen: Das kleine Plastikhotel eines beliebten Geld-und Straßenkaufgesellschaftspiels hat nämlich die richtige Größe einer Hundehütte. Von vorne wird in die Schmalseite ein Loch gebohrt und sauber aufgefeilt, danach das Plastikrot mit Holzbraun überlackiert und das Dach teerschwarz gestrichen; schon ist die Behausung eines Modellschäferhundes fertig. Nach der abschließenden Dekoration des Zwingers mit etwas Sand und Grasflocken kann der Vierbeiner einziehen.

Kellerabgang

Das Vorbild

Das Vorbild kennt im Gegensatz zu den meisten Modellhäusern neben den über der Erde liegenden Etagen auch unter der Erde liegende, nämlich Keller oder Souterrains. Da diese Stockwerke von außen weitgehend unsichtbar sind, beschränkt sich unser Bastelvorschlag auf den Nachbau der äußerlich erkennbaren Elemente, insbesondere des in den Keller führenden Treppenabgangs. Meist sind diese rechteckig entlang einer Hauswand angeordnet und führen mit steilen Treppen ein Stockwerk unter die Erde, um dort auf einem kleinen Vorplatz, der oft mit allerlei Gartengeräten zugestellt ist, zu münden und durch eine schmucklose Türe in das Hausinnere zu führen. Da dieser Eingang in das Haus ein Nebeneingang ist, ist er entsprechend einfach gehalten und hat maximal ein Wettervordach. Ist das Untergeschoss jedoch eine Einlie-

Vom Besitzer des Hauses selbst gebauter Kellerabgang mit Geländer und Überdachung.

Das Autorenteam beim Ausmessen des selbstgebauten Kellerabgangs: Ob er wohl den gültigen Sicherheitsvorschriften entspricht?

gerwohnung, kann der Zugang auch entsprechend aufwändiger gestaltet sein und ist dann oft auch nur ein halbes Stockwerk tief.

Der Nachbau im Modell

Zunächst wählt der Modellhäuslesbauer eine Hauswand aus, an der ein Treppenabgang sinnvoll und auch später für den Betrachter noch sichtbar ist. Dann wird ein rechteckiges Loch entlang der Hauswand mit entsprechender Tiefe geschaffen, in dem der bequem am Küchentisch erstellte Kellerabgang später eingesetzt werden kann.

Der Abgang selbst entsteht aus Resten aus der Bastelkiste. Zuerst wird ein Abfallstück einer Gehwegplatte als Grundplatte genommen, welches auf die Größe des »ausgegrabenen« Loches zurechtgeschnitten wird. Danach werden aus einer Mauerplatte zwei identische Teile in Länge der Grundplatte und mit der gewünschten Höhe des Kellerabgangs zurecht geschnitten. Sie bilden die beiden Seitenwände des Abgangs. In die spätere Kelleraußenwand, sägt bzw. feilt der Bastler eine rechteckige Öffnung und fügt eine passende Türe (aus der Restkiste) ein. Dann kann die Wand senkrecht mit der Türe nach unten auf die Bodenplatte aufgeklebt werden.

Treppenreste sind ebenfalls in fast jeder Bastelkiste zu finden, sie werden der Höhe des Kellerabgangs angepasst und an die Hauswand angeklebt. Zu beachten ist dabei die Zugänglichkeit der Kellertüre.

Danach wird die dritte Wand aus der Mauerplatte ausgeschnitten, sie hat die Höhe des Abgangs und die Breite der Treppe. Sie wird rechtwinklig mit kleinem Abstand neben die Kellertüre geklebt. Mit vorhandenen Accessoires erhält die Treppe ihren Feinschliff: Das Treppengeländer entsteht aus einem dünnen Plastikprofil, Gartengeräte in Form von Rechen oder Schaufeln machen sich ebenfalls gut. Ist das Werk soweit zur Zufriedenheit gelungen und ggf. gealtert, wird der Abgang durch Ankleben der zweiten Wand parallel zur Kelleraußenwand vervollständigt, wobei auch hier darauf zu achten ist, dass die Mauerstruktur nach innen zeigt.

Nun kann der schmale rechteckige Abgang in das gebaute Loch so eingesteckt werden, dass die Kelleraußenwand die Fortführung der bestehenden Hauswand ist und beide Kanten ohne Abstand zueinander anliegen. Das Ganze wird mit von außen beigegebenem Schmelzkleber fixiert.

Schließlich muss der Hausbesitzer noch die nach oben führende Treppe mit Hilfe von Gehwegplatten mit den restlichen Gartenwegen verbinden, ggf. ein Wetterdach anbringen und den Abgang mit einem Geländer absichern, damit kein Preiserlein in die Grube fällt...

Dach

Das Vorbild

Ein Haus zu erbauen stellt für viele Menschen ein Lebensziel dar – dementsprechend stolz sind sie, wenn das Eigenheim fertig ist. Zum Ausdruck bringt dies so mancher Häuslesbauer, indem er auf seinem Dach seine Initialen oder gar den ganzen Namen mit Hilfe von verschiedenfarbigen Ziegeln oder Schindeln darstellt. Dabei werden die im Farbton helleren oder dunkleren Ziegel so zwischen den restlichen angeordnet, dass die gewünschten Buchstaben entstehen. Ebenfalls häufig zu sehen ist das Jahr, in dem der Bau entstanden ist. Von unten sind diese Dachschmuckelemente oft nur schwer oder gar nicht zu erkennen, wohl aber von einer Anhöhe oder

Aus der Flugzeugperspektive sind die aus verschiedenfarbigen Ziegel gebildeten Initialien des Erbauers sichtbar.

vom Flugzeug aus – eine Perspektive, die unserem üblichen Modellbahnblickwinkel entspricht.

Der Nachbau im Modell

Die Nachbildung des Dachschmuckes ist eine einfache Bastelei, die aber ein echter »Hingucker« ist. Der Modellbahner sollte darauf achten, nicht zu übertreiben – es genügen ein oder zwei derartig gestaltete Häuser, denn auch beim großen Vorbild ist diese Art von Dachschmuck heute nicht mehr allzu weit verbreitet.

Als Vorbild eignen sich vor allem ältere Häuser mit Spitzgiebel und Ziegeldach. Falls das Haus noch nicht zusammengebaut ist, erleichtert dies die Arbeit, aber auch ein bereits fertig eingebautes Haus kann mit ruhiger Hand noch bemalt werden. Benötigt werden dazu einfachste Arbeitsmaterialien wie ein guter und sehr feiner Pinsel sowie eine hellere und eine dunklere matte rote Lackfarbe.

Zuerst wird das komplette Dach mit der helleren roten Farbe neu lackiert. Gleichzeitig sollte überlegt werden, was aufgemalt werden soll. Ist es die Jahreszahl der Erbauung, so sollte diese mit dem Hausbaustil und dessen ungefährem (Vorbild-) Baudatum übereinstimmen. Danach werden die hellen Ziegel bestimmt, die später die Buchstaben oder Zahlen darstellen sollen und dann die benachbarten Ziegel mit der dunkleren Rotfarbe bemalt. Dabei ist viel Fingerspitzengefühl erforderlich, denn die Übergänge der verschiedenen Ziegelfarben müssen genaue Trennlinien aufweisen. Jetzt kann der Rest des Daches mit dem dunklen Rot lackiert werden und schon sind die gewünschten Symbole sichtbar.

Carport

Das Vorbild

Um ein über Nacht am Wohnhaus abgestelltes Auto den natürlichen Witterungseinflüssen zu entziehen, gibt es neben der vollständig ge-

Ob hier das schöne Auto oder der Carport als Fotomotiv dient, lässt sich nicht feststellen.

schützten Garage noch den Carport oder Parker. Dabei handelt es sich meist um einfache, aus Holz bestehende ein- oder zweiständige Autoabstellplatzüberdachungen mit je nach Ausführung ebenfalls hölzernen Seitenwänden. Carports können frei stehen oder direkt an ein Haus angebaut sein, auch richtet sich die Größe nach dem vorhandenen Kraftfahrzeug. Der Baustil kann sehr unterschiedlich sein, denn viele Carports entstehen als Heimwerkerarbeit entsprechend den Wünschen und dem Können des Erbauers. Das Dach besteht meist aus gewelltem Plexiglas oder Wellblech, aber bei aufwändigeren Konstruktionen können auch Ziegel vorkommen.

Der Nachbau im Modell

Für den Nachbau benötigt der Bastler lediglich ein paar Streichhölzer, braune Farbe und ein Reststück dünnes Plexiglas. Vor Baubeginn sollte noch die Bauart, die Größe und der Standort festgelegt werden, um dann eine einfache Skizze mit Maßen des gewünschten Stellplatzes anzufertigen, denn etwaige Änderungen sind auf Papier einfacher als im Modell.

Mit Hilfe einer kleinen Bastlersäge werden die Hölzer auf die gewünschte Länge laut Bauskizze gebracht und kleine Unregelmäßigkeiten mit einer Schlüsselfeile entfernt. Der Untergrund des Parkers kann mit passend zurechtgeschnittenen Straßenfolien oder Mauerkartons dargestellt oder nur mit Schotter gestreut werden. Jetzt werden die Standorte der senkrechten Stützpfeiler auf dem Untergrund laut Skizze angezeichnet und mit einem sehr kleinen Bohrer vorgebohrt. Danach wird jeweils eine Spitze der hölzernen Stützpfeiler senkrecht soweit in die Bohrlöcher eingeklebt, dass der herausragende Teil noch die Gesamthöhe des Stellplatzes hat und alle Enden zueinander in einer Ebene liegen. Soll wegen des besseren Wasserablaufes ein schräges Dach entstehen, sind die Stützen entsprechend anzupassen. Durch schräg zwischen die Stützpfeiler eingesetzte Streben lässt sich die Stabilität wie im Vorbild noch verstärken.

Im nächsten Arbeitsschritt werden die Quertragebalken mit wenig Holzleim auf die Stützpfeiler geklebt, anschließend rechtwinklig dazu die Querlatten. Diese können, falls passende Holzleisten vorhanden sind, deutlich schmäler sein als die Balkenhölzer und sollten eng liegen. Als Zwischenschritt wird jetzt das komplette Bauwerk mit brauner Farbe gestrichen oder mit Holzbeize eingelassen.

Nach dem Trocknen wird auf die Lattenunterkonstruktion das Dach aus einem passenden Plexiglas oder Bastlerglas mit sehr wenig Klebstoff aufgeklebt, damit dieses nicht blind wird. Zum Schluss erhält der Carport noch Dachrinnen aus der Restekiste und eventuell wuchernden Efeu an den Stützpfeilern.

Pergola

Vorbildbeschreibung

Als Erweiterung bei Wohnhäusern oder auch bei Gartenlauben sehr beliebt ist eine Pergola. Damit werden Terrassen oder größere Balkone regen- und windsicher überdacht. In manchen Fällen wird dabei auch gleich der Hauseingang als Windschutz überbaut. Damit das Wasser ablaufen kann, wird das Dach stets mit einer Neigung vom Haus weg gebaut. Die Baukonstruktionen und die verwendeten Materialien sind dabei nahezu die gleichen wie beim Bau eines Carports, allerdings ist eine Pergola meist liebevoller und wohnlicher gestaltet, denn es steht der Erholungswert des Bauwerks im Vordergrund. Die Größe der Überdachung richtet sich nach dem zur Verfügung stehenden Platz, in der Regel müssen ein Tisch und mehrere Stühle darunter passen. Wird eine größere Fläche überbaut, entwickelt sich die Pergola im Laufe der Zeit auch als Abstellplatz für Kinderspielzeug, Gartengeräte und Fahrräder. Zur Verschönerung der Holzkonstruktion wird gerne die Natur miteinbezogen, denn oft wachsen Efeu oder Weinreben entlang der Stützpfeiler bis in das Dach hoch und auch von den Querbalken herunterhängende Blumenampeln sind typisch.

Der Nachbau im Modell

Grundsätzlich wird die Terrassenüberdachung auf die gleiche Weise erbaut wie der Carport, denn beide sind sowohl im Stil als auch bei den verwendeten Materialien fast baugleich.

Als Untergrund für die Terrasse eignen sich handelsübliche Mauerplatten, welche zierliche Gehwegplatten oder Knochensteine darstellen. Auch werden beim Bau die zwischen den Stützpfeilern schräg verlaufenden Verbindungsstreben durch eingeklebte kurze Verstrebungshölzer ersetzt, die in den von Querbalken und Stützpfeiler gebildeten rechten Winkel eingefügt werden. Diese Verbindungen sollten symmetrisch links und rechts des Stützpfeilers angeleimt werden.

Ansicht einer an das Haus angebauten Pergola von unten mit hochgerankten Weinreben und herunterhängenden Blumenampeln.

Damit die Miniaturpersonen windgeschützt sind, kann aus einem dünnen Modellbau- oder Furnierholzrest, welcher farblich angepasst wird, noch eine Seitenwand ausgesägt und mit Leim angeklebt werden. Grasflocken, die mit Holzleim befestigt werden, stellen hochrankende Pflanzen außen an den Stützpfeilern oder an einer Hauswand und am Dach entlang dar.

Den letzten Schliff erhält die Terrasse durch einen Tisch mit Stühlen und Blumenbeete entlang der Terrasse – und wer dann noch nicht genug hat, kann zu guter Letzt noch farbige Mini-LEDs unter dem Dach als Lampions für die nächtliche Gartenparty installieren und das Ganze mit Figuren beleben…

Windschutz

Das Vorbild

Hausfrauen können sich über Regenwetter oder Schnee wenig freuen, denn jedesmal wenn die Haustüre geöffnet wird, muss hinterher der Hausflur von Fußabdrücken und Wasserlachen oder sogar von hereingewehtem Schnee gereinigt werden. Das Problem wird oft durch einen der Haustüre vorgelagertem Windschutz behoben, welcher mit seinen Seitenwänden und einem Dach den Eingang schützt, damit dieser trocken bleibt. Der Windschutz wird in Größe und Stil vom Erbauer bestimmt. Auf diese Art entstehen Minimalbauten mit kleinen Seitenteilen und kleinem Dach ebenso wie große Konstruktionen mit eigener Türe, in denen sogar noch Schuhschränke oder eine Garderobe stehen können. Die Seitenwände bestehen meist aus lichtdurchlässigem Material wie Glas oder Plexiglas und sind oft noch mit Strukturen versehen.

Modellbeschreibung

Auf der Modellbahnanlage trägt dieses kleine Detail sehr zur Individualität der Häuserland-

Abschiedsszene der Autoren am Hauseingang, der mit einem Windschutz umbaut wurde.

schaft bei. Ist der zu verändernde Eingang ausgewählt und entschieden, wie aufwändig der Windschutz sein soll, so werden aus einem Stück Bastlerglas oder einer Kunststoffplatte mit Struktur die entsprechenden Windschutzseitenteile ausgeschnitten.

Danach werden sie mit sehr wenig Plastikkleber, damit das Plastikglas nicht blind wird, in der gewünschten Bauanordnung am Haus festgeklebt. Anschließend wird aus einer Kunststoffplatte ein passendes Dach für die Seitenwände gefertigt, wobei der komplette Windschutz im Dach eine leichte Neigung nach vorne haben sollte, damit wie in Wirklichkeit das Wasser besser ablaufen kann.

Teich

Das Vorbild

Der allgemeine Trend geht in den letzten Jahren vom Nutzgarten mit Tomaten und Zwiebeln hin zu Ziergärten mit schönen Blumenbeeten und einem großen Erholungswert. Dazu gehört auch, dass in vielen Vorgärten ein Stück Natur in Form eines Feuchtbiotops gebaut wird – früher hieß dies etwas prosaischer, aber nicht weniger zutreffend Gartenteich. Dieses Stück Natur wird von diversen Tierarten und den verschiedensten Pflanzen bevölkert. Es finden sich Blumenstauden und hoch aufragendes Schilf am Rande des Teichs ebenso wie mitten im Wasser blühende Seerosen. Oft sind diese Teiche nur wenige Quadratmeter groß, aber dennoch der Mittelpunkt jeglicher Gartengestaltung. Leben im Haushalt Kleinkinder, wird oft noch ein Schutzzaun um den Teich angebracht.

Der Nachbau im Modell

Wie im wirklichen Leben kann auch in den Gärten von Modellhäusern noch nachträglich mit wenig Aufwand ein Teich eingebaut werden.

Zuerst muss am zukünftigen Standort des Teiches eine Mulde in der gewünschten Größe und Form geschaffen werden, je nach Beschaffenheit des Untergrundes eine mehr oder weniger aufwändige Angelegenheit. Danach wird der dabei entstandene Teichgrund eingefärbt, wobei nur dunkle und matte Grün- und Brauntöne zum Einsatz kommen und auch durchmischt werden können. Zeitgleich wird aus einem Reststück Kunststoffglas die Wasseroberfläche des Teiches ausgeschnitten. Die Größe und Form des Glases sollte etwas kleiner als die Mulde sein, damit die Wasseroberfläche später etwas in diese hineinfällt und eine kleine Uferböschung entsteht. In den dabei entstehenden Hohlraum zwischen Kunststoffglas und Teichboden können jetzt noch kleine Steine, Sand und Streu oder Grasflocken zur Teichgestaltung eingesetzt und festgeklebt werden. Wem jetzt

Im Großen gehört das Kind wie hier zu sehen hinter den Zaun, denn auch kleine Wasser können tief sein.

An dem Modellteich besteht keine Gefahr, wenn ein kleines Kind im Ufergebüsch spielt.

bei einem probeweisen Auflegen des Glases der Teich zu klar erscheint, der kann die Wasseroberfläche noch undurchsichtiger machen, denn auch in Wirklichkeit ist der Teichgrund selten deutlich zu sehen. Mit einem verdünnten Braun-Grün-Farbengemisch wird die Glasfläche an der Unterseite lackiert, jedoch in mehreren Etappen, bis der gewünschte Verschmutzungsgrad erreicht ist. Anschließend wird die Kunststoffplatte am Rande festgeklebt und mit Hilfe von grün eingefärbtem Modellgips der Übergang der Platte zum Ufer zugespachtelt.

Jetzt kann die Ufergestaltung beginnen: Die unterschiedlichsten Pflanzen werden mit verschiedenen Streus und Grüntönen nachgebildet. Schilf lässt sich leicht aus den Borsten einer Bürste oder eines Schrubbers nachbilden, dabei werden diese im Bündel in ein Loch am Rande des Teichs gesteckt und angeleimt, um dann mit einer scharfen Schere auf die richtige Länge gebracht und nach Geschmack noch eingefärbt zu werden. Auch im Modell kann der Wasserzulauf in Form eines kleinen Rinnsals oder nur eines einfachen Wasserhahns aus der Restekiste dargestellt werden. Zum Abschluss kann nach Bedarf ein Schutzzaun um den Teich angebracht werden und bei größeren Wasserflächen sind auch Wasservögel nicht fehl am Platz.

Markise

Das Vorbild

Nicht jeder kann sich im Sommer über die strahlende Sonne freuen. Viele Menschen suchen den Schatten auf, der eine Abkühlung verspricht. Neben den natürlichen Schattenspendern gibt es auch vom Menschen erschaffene wie Sonnenschirme oder Markisen. Markisen sind meist an einer Hauswand befestigt und überdecken Terrassen oder Balkone. Von der Größe ist sie meist dem zu überdeckenden Platz angepasst und wird bei gutem Wetter ausgefahren, während sie bei schlechtem Wetter in einem trockenen Markisenkasten versteckt ist. Die Markise selbst ist aus buntem Stoff und wird mit Hilfe von beweglichen Stützen ausgefahren.

Der Nachbau im Modell

Auch auf der Miniatureisenbahn benötigen die Personen Schatten und außerdem gibt diese kleine Bastelei jedem Haus eine persönliche Note.

Zuerst wird das Haus und der Balkon oder die Terrasse ausgewählt, an der eine Markise angebracht werden soll und dann die Breite berechnet. Ein kleines Vierkantprofil wird auf diese Breite zurechtgeschnitten und anschließend silbern lackiert. Danach wird das Profil als Markisenkasten an die Modellwand waagrecht angeklebt. Anschließend entsteht aus stabilem Papier mit der Breite des Profils die eigentliche Markise. Die Farbe oder das Muster kann dabei frei gewählt werden, wobei eine aus einem Prospekt oder Katalog ausgeschnittene Markise vieles erleichtert.

Als nächstes wird die Länge des Schattenspenders bestimmt und das Papier entsprechend abgeschnitten. Dann wird sie vorne und hinten zwei Milimeter über die ganze Breite nach unten abgeknickt, das Markisenmuster sollte dabei

Wenn schon zum Rauchen auf den Balkon gegangen werden muss, dann will man doch wenigstens durch eine Markise von der Sonne geschützt sein.

oben sein. Die hintere Knickleiste wird dann an den Markisenkasten angeklebt und schon kann der Schattenspender von den Modellmenschen benützt werden. Die Stützen unter der Markise werden nicht nachgebildet, da sie ohnehin nur von unten zu sehen wären.

Blumenkästen

Das Vorbild

Im Frühjahr und bis in den Herbst hinein kann man an vielen Balkonen und in Gärten eine schöne bunte Blumenpracht erleben. Diese Geranien und andere farbige Blumen schmücken das Haus und sind schon von weitem sichtbar. Selbstverständlich können diese Blumen nicht in der Luft wachsen, daher sind sie meist in Blumenkästen eingepflanzt. Auf Balkonen werden oft längliche und schmale Kästen verwendet, die entlang des Geländers meist außen befestigt sind und deren Gewächse im Falle von Hängegeranien weit an der Balkonwand herunter hängen können. Oft sind auch mehrere Blumenkästen nebeneinander über die gesamte Länge des Balkons verteilt. In den Gärten dagegen gibt es wenig Gemeinsamkeiten bei Blumenkästen, denn abhängig vom Standort und der gewünschten Größe entscheidet dabei auch die Kreativität des Gärtners. Dabei entstehen einfache rechteckige ebenso wie runde Blumenkä-

Eine schöne Blumenpracht auf dem Balkon ist der Stolz jeder Hausfrau.

In verschiedenen Baustadien dargestellte Blumenkästen und im Hintergrund eine Verwendungsmöglichkeit.

sten, aber genauso auch Blumenpflanzungen in halbierten Fässern oder in ausgehöhlten Baumstämmen. Als Baumaterial kommt dabei von Holz über Plastik bis zu Steinen alles zum Einsatz, um den Blumen einen stabilen Untergrund für ihre Erde zu bieten.

Der Nachbau im Modell

Nachträglich und mit wenig Materialaufwand lassen sich diese kleinen Details mit etwas Phantasie in unserer Modellstadt einbauen. Die Kästen sollten im Modell dem jeweiligen Einbauzweck angepasst werden, ohne zu lang zu geraten. Für den Nachbau eignen sich am besten quadratische Kunststoffprofile, welche umgerechnet vom Vorbildmaß die entsprechenden Modellmaße haben und auf die gewünschte Länge abgesägt werden.

Die Profile werden in der gewünschten Farbe (meist ein dunkler Braun- oder Grünfarbton) lackiert. Die Oberseite wird grün lackiert und nach Trocknen der Farben mit Klebstoff bestrichen und mit feinem grünen Streumaterial ohne Lücken bepflanzt. Nach dem Trocknen wird mit einer Pinzette und einem Tropfen Kleber farbiges Streumaterial auf das grüne mit Lücken verteilt – es stellt die eigentlichen Blumen dar. Wer allerdings Blumen wie Hängegeranien darstellen will, der sollte zusätzlich zu dem grünem Streu noch Heki-Flor einarbeiten. Dieses Material ist Streu, der auf einer Art Matte befestigt ist und in kleineren Stücken aus dem Blumenkasten heraushängend sehr gut als Grundlage für Hängepflanzen aller Art geeignet ist. Auch hier werden anschließend noch die Blumen angebracht.

Für Blumenkästen in Gärten gilt grundsätzlich die gleiche Vorgehensweise, nur sind die Kästen größer. In der Bastelkiste finden sich bestimmt viele Reste, die sich mit etwas Kreativität wie im Großen als Blumenbehälter einsetzen lassen wie z.B. ein Fass, welches halbiert wird. Auch ein nicht mehr benötigter Traktorreifen ist bestens geeignet. Wer seine großen Kästen mit etwas Mehraufwand noch verbessern will, der kann der Oberseite durch ein paar Milimeter Aufbohren und Aushöhlen noch zu echter Tiefe verhelfen und dann erst die Blumen einsetzen.

Wäscheleine

Das Vorbild

Ein typisches Zubehör von Hinterhöfen sowohl in Großstädten als auch auf dem Lande sind Wäscheleinen. Trotz moderner Elektrogeräte wie einem Trockner kann die Hausfrau auf diese Einrichtung meist nicht verzichten, denn bei einer Trocknung der nassen Wäsche an der Sonne kann Geld gespart werden. Beim Vorbild gibt es dabei viele Variationen von einer Wäschespinne über eine einfache Leine zwischen zwei Pfosten bis hin zur mehrfach gespannten Wäscheleine zwischen zwei Teppichklopfstangen. Das Baumaterial sind dabei meist stabile Aluminium- oder Eisenrohre als Pfosten, in einigen Fällen auch Holz. Damit die Hausfrau trockenen Fußes die Wäsche auf- und abhängen kann, sind dabei unter den Leinen oft Gehwegsteine verlegt.

Der Nachbau im Modell

Auch im Kleinen muss die Wäsche hin und wieder gewaschen werden, daher sollten auch im H0- oder N-Garten Wäscheleinen gespannt sein. Für die Umsetzung einer Wäscheleine in der Miniaturlandschaft braucht der Bastler lediglich zwei Stecknadeln, ein langes Haar und farbige Zeitungsausschnitte. Die Stecknadeln als senkrechte Pfosten werden in den Boden gesteckt und festgeklebt. Anschließend werden die Nadeln auf umgerechnet zwei Meter gekürzt. Zwischen den beiden Pfosten und in Richtung des Wohnhauses kann noch Mauerpappe mit Gehwegplattenimitation als Laufweg verlegt werden. Danach wird das lange Haar als Wäscheleine zwischen den Nadeln gespannt und auf dem oberen Ende mit Sekundenkleber befestigt. Nach Trocknen des Klebers werden die Nadeln

Hier wird nicht die Arbeit der Hausfrau nachkontrolliert, sondern der Baustil der Wäscheleine.

farblich behandelt, je nach Darstellung als Holz- oder Metallpfosten in holzbraun oder grau.

Aus einer Zeitung stammen die kleinen farbigen Bilder, die mit einer scharfen Schere in die Form von Kleidungsstücken geschnitten werden. Als Größenorientierung der Textilien sollten dabei Modellfiguren genommen werden. Ein Tropfen Sekundenkleber hält die »Wäsche« an der Leine – denn vom vorbildgetreuen Nachbau der Wäscheklammern raten wir dringend ab...

Frühbeet

Das Vorbild

Für viele Hobbygärtner ist es ein Hochgenuss, im Sommer Tomaten und Salate zu ernten. Damit aber die Setzlinge die Frühjahrskälte überstehen, werden diese in sogenannte Frühbeete eingepflanzt. Frühbeete sind eine Art Miniaturgewächshaus, in dem die Pflanzen zwar von oben Sonne bekommen können, aber ansonsten vor der nächtlichen Kälte und etwaigem Bodenfrost durch eine winddichte Verschalung geschützt sind. Diese Frühbeete werden von den Besitzern unter Verwendung vorhandener Bauteile wie alter Fenster mit Rahmen und Bodendielen oder Schaltafeln ganz individuell erbaut. Dabei werden die Holzplatten als Rechteck hochkant zusammengeschraubt und die Fensterrahmen oben aufgelegt oder mit Scharnieren hochklappbar befestigt. Rund um diese kastenartigen Bauten sind mit Gehwegplatten oft noch Laufwege verlegt. Im Sommer allerdings werden die Fenster entfernt, da sonst die Pflanzen in der Hitze vertrocknen würden. In den 50er und 60er Jahren waren diese Beete aufgrund der vermehrten Selbstversorgung überall zu finden, aber auch heute noch sind sie in der Nähe von Wohnhäusern oder in Schrebergärten vorhanden.

Mal sehen wie groß die Kürbisse im Frühbeet sind. Anschließend wird die Ernte voller Stolz im Bild festgehalten.

Modellbeschreibung

Im Modell ist die Darstellung eines Frühbeetes in jedem Miniaturgarten möglich und lässt sich nachträglich mit wenig Aufwand einbauen. Benötigt werden lediglich grauer Karton von Schreibblöcken und weiße Fensterrahmen aus der Bastelkiste. Der Karton wird in dünne, gleichmäßig breite Streifen geschnitten, wobei die Breite umgerechnet zwischen 40 und 70 cm (HO 4,5 - 8 mm) liegen sollte. Danach wird der Karton viermal so zum Rechteck gefaltet, daß er mit den Außenkanten des ausgewählten Fensterrahmens übereinstimmt. Danach wird er an den Enden mit einer kleinen Überlappung abgeschnitten und verklebt. Jetzt wird das Rechteck am ausgewählten Standort festgeklebt und, wenn gewünscht, farblich behandelt. Um das Frühbeet kann auch ein Laufweg aus Mauerkarton nachgebildet werden.

Im Beet selbst sollte noch braune Erde aus Streumaterial und einige grüne Pflanzen aus Grasflocken dargestellt werden. Zum Abschluss wird der Fensterrahmen oben bündig mit wenig Klebstoff aufgelegt. Bei mehreren Rahmen auf einer Verschalung kann zur Auflockerung auch einer durch eine nicht sichtbare Stecknadel hochgeklappt dargestellt werden.

Badewanne/Regentonne

Das Vorbild

Ein auf Dauer teures Vergnügen vor allem in den heißen Sommermonaten ist das Gießen von Pflanzen in Schrebergärten und auch in hausnahen Gärten. Daher wird mit Hilfe eines in der

Nicht nur für Blumen und Gemüse kann das gesammelte Wasser in der Badewanne eine Erfrischung bedeuten, auch der Gärtner bedarf ab und zu der Abkühlung.

Nähe befindlichen Daches versucht, das Regenwasser aufzufangen und in Vorratsbehältern zu speichern. Das Wasser fließt dabei über das im Gefälle liegende Dach in die Regenrinne und von dort über ein Fallrohr senkrecht in eine Regentonne. Diese Regentonnen bestehen oft aus alten Plastikfässern oder Blechtonnen und in manchen Fällen werden sogar ausgediente Badewannen aus Email oder Blech verwendet. Das Wasser wird aus diesen Behältern bei Bedarf mit Hilfe von Eimern und Gießkannen entnommen und den dürstenden Pflanzen zugeführt.

Der Nachbau im Modell

In der Bastelkiste eines jeden Modellbahners dürften sich die nötigen Utensilien problemlos finden: Eine Badewanne kommt aus einem Flaschnereibausatz, Tonnen eines Ölhändlers gibt es in verschiedenen Bausätzen. Die Badewanne wird zuerst entweder als Emailwanne weiß oder als Blechwanne silbergrau lackiert, die Tonnen dagegen sollten einen dunklen Blau- oder Grünton bekommen. Mit Hilfe von dunklen erdigen Farbtönen und etwas Rostfarbe werden die wieder getrockneten Accessoires noch mit Schmutz und Verwitterungsspuren versehen. Danach werden sie in ihre Position neben einer Hauswand gesetzt und angeklebt. Anschließend wird an die Dachrinne des Hauses ein Fallrohr angebracht, welches in die Regenauffangbehälter mündet. Das Fallrohr kann dabei aus einem zum Hausbausatz gehörenden Dachrinnenteil oder aus einem anderen größenmäßig passenden Kunststoffteil zugeschnitten werden. Als zusätzliche Ausstattungsteile können neben den Tonnen oder der Badewanne noch eine Gießkanne oder Eimer gesetzt werden.

Vielleicht erfüllt die Vogelscheuche auch im Modell ihren Zweck und verscheucht Fliegen und Spinnen von der Modellbahnanlage.

Vogelscheuche

Das Vorbild

Wenn die Erntezeit auf den Feldern und in den Gärten naht, kommen nicht nur Menschen zum Essen, sondern auch ungebetene Gäste wie Vögel. Damit der Gärtner dabei nicht um den Lohn seiner Arbeit betrogen wird, versucht er, die Vögel mit einer Vogelscheuche zu vertreiben. Dieses Hilfsmittel ist meist ein Holzkreuz in menschlicher Lebensgröße, welches mit alten Kleidungsstücken und einem Hut angezogen und oft mit Stroh ausgestopft wird. Zusätzlich bekommt die Vogelscheuche oft noch glitzernde Streifen aus Alufolie oder durch die Bewegung des Windes Geräusche verursachendes Zubehör.

Der Nachbau im Modell

Eine kleine Bastelei mit großer Wirkung und wenig Aufwand ist die Erstellung einer Vogelscheuche im kleinen Maßstab. Dazu werden zwei Stecknadeln, verschiedene Lackfarbtöne und ein Papiertaschentuch bereitgelegt.

Zuerst wird eine Stecknadel mit einem Seitenschneider auf die Länge der Schulterbreite einer Modellperson gekürzt und mit einem Kraftkleber als Kreuz auf die zweite Nadel gesetzt. Die querlaufende Nadel sollte mittig mit einem Abstand unter den Kopf der anderen geklebt werden. Der Kopf selbst wird zuerst dunkelgrau gestrichen, die eigentlichen Nadeln holzbraun. Parallel dazu wird aus einer Lage des Taschentuches, welche zusammengeklappt wird, ein Mantel oder Pullover ausgeschnitten. Die Faltkante sollte dabei die Schulterpartie des späteren Kleidungsstückes bilden.

Danach wird das Tuch vorsichtig braun oder grau eingefärbt und die Stecknadel durch den Halsausschnitt geführt. Der Modellmantel wird auf die Quernadel mit den Arm- und Schulterpartien aufgeklebt und die entstandene Vogelscheuche an ihren Einsatzort gesetzt. Die Höhe sollte dabei einer Miniaturfigur entsprechen. Geübtere Basteler können die Vogelscheuche noch mit einem aus Papier gebastelten Hut oder mit dünnsten Alufolienstreifen verfeinern.

Kompost

Das Vorbild

In jedem Garten gibt es neben den Früchten oder Blumen, die geerntet werden, auch viele Abfallprodukte, welche in einem Komposthaufen gesammelt werden. Dazu gehören Strauch- und Baumschnitt, gemähtes Gras oder auch nur die verblühten Blumenstauden. Zusätzlich werden in einem solchen Haufen auch biologische Abfälle eines Haushaltes wie Eierschalen, altes Brot oder faulendes Obst entsorgt und in den Kreislauf der Natur zurückgeführt. Im Kompost

Moderner Komposthaufen aus dem Baumarkt neben einem aus alten Paletten selbstgebauten biologischen Abfallberg.

selbst zersetzen sich die Produkte und sind nach einiger Zeit wieder zu hochwertiger Erde umgewandelt, welche wieder zum Düngen im Garten benützt wird. Dabei kann ein Kompost nur ein einfacher aufeinander gelegter Abfallberg sein, meist jedoch wird der Müll in speziellen Behältern aufbewahrt. Bei allen Konstruktionen ist jedoch die Luftzufuhr wichtig, da diese für den Zersetzungsprozess benötigt wird.

Die Behälter selbst sind aus Plastik oder aus Holz fertig in Baumärkten gekauft oder mit Hilfe von Pfosten und Brettern nach eigenen Ideen angefertigt. Bei diesen Eigenbauten bilden vier in einem Rechteck in den Boden gesteckte Holzpfosten die Eckpunkte, welche dann mit in Abständen befestigten Brettern verbunden werden. Bei vielen vollen Komposthaufen ist im unteren Bereich zwischen den Brettern schon braune Erde zu sehen während oben noch grüne Pflanzenteile liegen.

Der Nachbau im Modell

Zum Nachbau auf der Modellbahn eignen sich diese natürlichen Abfallberge nur in der aus Holz erschaffenen Variante, denn Komposthäufen aus Plastik, ob in Tonnen- oder Kastenform, sind später kaum als solche erkennbar. Die Holzkonstruktionen dagegen sind mit etwas Farbe, vier Stecknadeln, Streumaterial und Furnierholz leicht nachbaubar und können in jedem Garten der Abfallbeseitigung dienen.

Am ausgewählten Standort werden die Eckpunkte eines Rechtecks in der Größe des zukünftigen Kompostes am Boden angezeichnet. In diese Ecken werden die Nadeln senkrecht mit einem Tropfen Klebstoff gesteckt und anschließend mit einem Seitenschneider auf die gewünschte Höhe des Abfallhaufens gekürzt. Mit holzbraunem Lacküberzug werden aus den Nadeln die vier Eckpfosten. Aus dünnen Furnier-

Auch im kleinen Maßstab sollte kontrolliert werden, ob kein Hausmüll auf dem Kompost entsorgt wurde.

Ersatzweise können übrigens auch kleine maßstäbliche Paletten aus Ladegutbausätzen als Seitenwände verwendet werden.

holzresten werden die Außenbretter geschnitten, wobei die Einzelteile geringfügig länger als der Abstand zwischen den Pfosten sein sollten und die Breite je nach Fingerfertigkeit sehr schmal ausfallen sollte. Danach werden die Bretter mit Sekundenkleber oder durchsichtig trocknendem Holzleim an den Eckpfosten von außen so befestigt, dass die einzelnen Bretter der benachbarten Seiten abwechselnd aufeinander aufliegen und dadurch einen Luftspalt bilden. Wenn der Kleber getrocknet ist, werden die Bretter mit braunem Lack oder Holzbeize farblich behandelt. Zum Schluss wird der Modellkompost noch mit Pflanzen gefüllt, wobei im unteren Teil braunes Streumaterial und im oberen Bereich Grasflocken oder -Fasern zum Einsatz kommen.

Autobastler

Das Vorbild

Das Auto ist des Deutschen liebstes Kind – zumindest solange es fährt und keine Probleme macht. Jedoch spielen dem Autofahrer die Tücken der Technik manchmal einen Streich und so mancher Autobesitzer verbringt sein Wochenende statt bei einem gemütlichen Ausflug mit dem Auto eher in der Garage unter dem Wagen mit Schrauben und Schweißen. Oft werden die Autos dabei mit Wagenhebern oder auch mit zum Teil abenteuerlichen Gegenständen aufgebockt, damit der unfreiwillige Autobastler unter dem Wagen liegend auf Fehlersuche oder -Behebung gehen kann. Für vorbeikommende Zuschauer ist dabei dann nur noch ein halber Mensch ab der Hüfte abwärts zu sehen, der Rest wird vom Fahrzeug verdeckt.

Der Nachbau im Modell

Zum Nachbau braucht der Miniatureisenbahner ein Modellauto und aus der Restekiste den Unterleib einer Figur. Selbstverständlich kann auch eine ganze Figur in der Mitte geteilt werden, denn die obere Hälfte kann als Fahrer eines anderen PKWs oder als Mitfahrer in einem Personenzug weiter verwertet werden. Vielleicht ist in der Bastelkiste aus einem alten Bausatz noch

Wie die Ölflecken auf dem Boden zeigen, scheint bei der Ente öfters eine Reparatur fällig zu sein.

ein Wagenheber vorhanden. Wenn nicht, wird eine kleine Auffahrrampe gebastelt. Aus einem Stück Kunststoff mit der Breite eines Reifens wird die kurze und nicht allzu hohe Rampe ausgeschnitten und farblich behandelt. Anschließend wird die Rampe unter einen Reifen des defekten Autos gestellt und festgeklebt, wobei sich eine Lücke ergibt. In diese wird die halbe Person hineingesteckt, sodass die Füße noch unter dem Fahrzeug herausragen. Mit Hilfe von einigen schwarzen Ölflecken und ein paar verstreut neben dem Auto liegenden Zubehörteilen wie Auspuff, Hammer oder Schweißgerät kann die Szene noch komplettiert werden.

»Güter gehören auf die Bahn«

Wagenladungen

Ein weites Betätigungsfeld für kleine Basteleien sind Wagenladungen im Güterverkehr der großen Bahn. Das Vorbild kennt die unterschiedlichsten Ladungsgüter und -arten, und selbstverständlich bedarf es dafür der entsprechenden Güterwagen. Bei einer Fototour sollte daher die Aufmerksamkeit nicht nur der Lokomotive gelten, denn auch der angehängte Güterzug verdient eine nähere Betrachtung.

Man kann die Güterzüge in zwei grundsätzliche Kategorien einteilen: Es gibt einerseits Ganzgüterzüge, die in der Regel aus nur einer Art von Wagen bestehen und vom Ausgangs- bis zum Zielort zusammengekuppelt bleiben. Meist werden mit diesen Zügen Massengüter transportiert. Andererseits gibt es Züge, die eine zusammengewürfelte Mixtur der verschiedensten Wagentypen zu bieten haben und bei denen jeder Wagen sein eigenes Ladegut und einen eigenen Empfänger hat. Bei beiden Zugarten gilt, dass selbst bei baugleichen Wagen keiner dem anderen gleicht: Schmutzspuren und Beschädigungen geben jedem Fahrzeug seine eigene Note. Die Alterung oder das »weathering« sind nicht Thema dieses Textes, wir möchten uns dem Ladegut und den damit verbundenen Details widmen.

Die Ladung und deren Befestigung bei einem vorbeifahrenden Zug zu erkennen, ist zuweilen schwierig. Mitunter hilft dabei das genaue Studieren der an der Strecke gemachten Aufnahmen. Einfacher ist es freilich, eine (Foto) Exkursion zu einem Güter- oder Rangierbahn-

hof zu machen. Diese Dreh- und Angelpunkte des Güterverkehrs zeigen viele verschiedene leere und beladene Güterwagen, die entweder zu neuen Güterzügen zusammengestellt oder zu Güterumschlagspunkten rangiert werden. Zwar sind viele Ladungen in gedeckten Wagen von außen nicht sichtbar und daher für die Nachbildung im Modell uninteressant. Doch die zahllosen offenen Bauarten bieten genügend Anregungen für den Nachbau. Auf allen möglichen Bauarten von Flach-, Rungen- oder offenen Wagen werden beispielsweise gut sichtbar Massengüter wie Kohle, Steine, Rüben oder Holz transportiert. Aber auch »normale« Ladungen wie Autos, Getreide, Schrott oder Kabeltrommeln werden in diesen offenen Wagen verschickt. Lokomotivteile, Traktoren oder Zirkuswagen finden auf Flach- oder Rungenwagen Platz, und nach übermäßigem Schneefall wird auch schon einmal die »weiße Pracht« mit offenen Güterwagen abtransportiert. Wer aufmerksam Güterzüge beobachtet, wird feststellen, dass das Thema Vorbildladungen kein Ende hat, auch wenn die oben genannten Güter den Großteil der zu transportierenden Ware ausmachen. Auch und gerade Spezialtransporte beleben das Bild der Güterbahn, erwähnt seien hier nur die oft über das Lichtraumprofil hinaus reichenden Transformatoren oder die Castorbehälter. Witterungsempfindliche Ladungen werden oft mit einer großen Plane abgedeckt, auch deren Vielfalt bietet zahllose Nachbauanregungen. Schließlich verdienen die vorbildgerechten Befestigungsarten und Sicherungen der Güter, fotografiert und im Modell umgesetzt zu werden.

Bei der Umsetzung in den Modellmaßstab werden sicher einige Kollegen aus Angst vor Beschädigungen zögern, schließlich kosten auch Güterwagen viel Geld oder besitzen schon einen Sammlerwert. Doch mit etwas bastlerischem Geschick muss das nicht sein. Denn die Wagenladungen können auch nur lose in den Wagen eingelegt werden oder auf einer Art Einlegeboden befestigt werden. Daher: Nur Mut – das Ergebnis lohnt den geringen Aufwand.

Großkabeltrommeln

Das Vorbild

Güter gehören auf die Bahn« – So lautet das Motto für dieses Kapitel. Unter den unzähligen verschiedensten Transportgütern sind große Kabeltrommeln immer eine interessante Variante.

Die Dimension der Großkabeltrommel wird im H0-Maßstab 1:87 am besten im Vergleich mit der Modellfigur deutlich.

Ob einzeln oder in Wagengruppen in einen Güterzug eingestellt, stets bringen sie optische Würze in den »Gs«-Alltag. Für ihren Transport verwendet die Bahn unterschiedliche Wagentypen. Neben dem Achsdruck der zu befahrenden Strecke ist auch der Durchmesser der Kabeltrommel und die daraus resultierende Ladehöhe maßgebend für die Auswahl des Wagens. So finden sich in diesen Diensten Flachwagen der Gattung X wie der X 05 ebenso wie Rungenwagen der Gattung K (z.b. ein Kkklms 440), Schwerlastwagen (wie ein Samms u 453 für Strecken mit geringem Achsdruck) ebenso wie U-Tiefladewagen (so der Uis 632).

Zur Transportsicherung ist die Kabeltrommel mit einem zum Güterwagen passenden improvisiertem Gestell aus Holzbalken gesichert. Zusätzlich können Zurrgurte oder Bandeisen zum Verspannen der Ladung ebenfalls vorhanden sein. Neben dem reinen Transport in Durchgangsgüterzügen ist auch das Einstellen in Bauzüge oder die Anlieferung zu einer großen Trafostation oder einer Fabrik vorbildgerecht.

Der Nachbau im Modell

Zum vorbildgerechten Modelleinsatz benötigt der Modellbahner drei wesentliche Dinge: Eine Kabeltrommel, einen Güterwagen und die Transportsicherung.

Zunächst wählt der Wagenmeister den jeweils geeigneten Güterwagen aus. Dann folgt mit der Kabeltrommel die eigentliche Bastelarbeit.

Die wichtigsten Grundmaße betragen in H0 max. 30 mm Durchmesser und 26 mm Breite (N: 15 mm/14 mm). Damit passt die Trommel auf einen normalen Flachwagen. Größere Kabeltrommeln benötigen wie beim Vorbild einen Tiefladewagen der Gattung U, er muss auf seine maximale Ladekapazität vermessen werden.

Aufgebaut wird die Kabeltrommel aus einem runden Kern, dessen Durchmesser ca. 1 mm kleiner ist als das gewünschte Außenmaß. Er wird gänzlich mit Furnierstreifen (1,5 mm breit in H0, etwa die Hälfte in N) als Bretterimitat verkleidet. Zuerst wird die runde Fläche der Kabel-

Auch in der Baugröße N (1:160) macht ein mit einer Kabeltrommel beladener Rungenwagen eine gute Figur.

H0- und N-Modell im Vergleich: Beim H0-Modell wird gerade unter strenger Beaufsichtigung des Modelllademeisters die Transportsicherung angebracht.

trommel beklebt. Ist das Bretterimitat getrocknet, werden die seitlich überstehenden Enden ebengeschliffen, dann können auch die Seitenbretter aufgebracht werden. Es ist nicht nötig, die einzelnen Furnierstreifen maßgenau abzuschneiden, sie werden einfach überstehend aufgeklebt und nach dem völligen Durchtrocknen der Rundung folgend ebengeschnitten und verschliffen. Mit schwarzer Farbe wird mittig ein Achsloch angedeutet, das Ganze mit sehr wässeriger, graubrauner Wasserfarbe gealtert, und schon ist die einfache Kabeltrommel fertig. Bei Bedarf können Verstärkungsbretter seitlich am oberen Rand vorgenommen werden, ihre Maße zu ermitteln ist allerdings mit ein wenig Mathematik verbunden. Zum Berechnen der Länge kann folgende Formel benutzt werden: Durchmesser der Kabeltrommel x 3,14 : die Anzahl der Bretter (6-10 Stück).

Das errechnete Maß ergibt das Außenmaß der Bretter, sie müssen an beiden Enden noch abgeschrägt werden, sodass sie im geringeren Innendurchmesser nicht überlappen. Sind die Bretter aufgeklebt und getrocknet, werden auch sie der Rundung angepasst. Die Schlussbehandlung entspricht der einer einfachen Kabeltrommel.

Die Kabeltrommel muss nun noch auf dem Güterwagen befestigt werden, hierzu wird ein Hilfsgestell benötigt, dessen Anfertigung ihrem Modelllademeister bekannt sein sollte, ein paar Hilfestellungen können ihm aber im folgenden Text noch gegeben werden. Wichtigste Aufgabe des Gerüstes ist es, ein Wegrollen der Ladung zu verhindern. Vor und hinter der mittig platzierten Ladung sollten Balken auf die Ladebohlen des Güterwagens »genagelt« werden. Ebenso sind diagonale Streben in Rollrichtung der Kabeltrommel zu berücksichtigen, Verbindungen unter den verschiedenen Verstrebungen sind auch nicht verkehrt. Nachgebildet werden die Balken aus Balsaholz, sie brauchen jedoch nicht gealtert werden, da das Holz oft frisch zugeschnitten ist. Zum Schluss kann je nach nachgebildetem Vorbildgewicht ein Verzurren der Ladung mit feinsten Ketten oder etwas Nähgarn

Durch die Verwendung von Schaumstoff als Trägermaterial und Weißleim zum Befestigen des Ladegutes ist ein schnelles Wechseln der Beladung möglich.

notwendig sein. Das wars – so gefertigt und verzurrt sind die Trommeln eine Zierde für jeden Güterzug und wunderschön unter einem Modellladekran anzusehen.

Kohle, Schotter, Rüben

Das Vorbild

Lose Schüttgüter wie Schotter oder Kohle, aber auch Zuckerrüben sind häufig beförderte Güter. Gerade die Zuckerrübenkampagne bot bis vor wenigen Jahren hervorragend für den Modellbahner geeignete Vorbilder: Da gab es kurze Ganzzüge von von ländlichen Bahnhöfen aus ebenso wie lange Züge, die von Sammelpunkten aus ihren Weg in die Zuckerfabrik antraten.

Kohle wurde und wird ebenfalls gern per Eisenbahn zu den Abnehmern, meist Kohlenhändler, aber auch Kraftwerken transportiert.

Auch Schotter, Kies oder Sand, kurz: Alles was schüttbar und feuchtigkeitsunempfindlich ist, stellen geeignete Ladegüter für die hier vorgestellte Ladung dar. Neben den Großraumschüttwagen der F-Gattungen sind gerade für Rüben oder für kleine Kohle- oder Sandmengen auch die bekannten E-Wagen wie der E 035 oder der E 037 im Einsatz. Diese Wagen werden oft maschinell über Greiferkräne oder Förderbänder beladen und bilden so meist ein Muster aus einem oder mehreren kleinen Ladeguthügeln auf der Ladefläche aus. Entladen wurden und werden sie über die Seitentüren, oder, falls vorhanden, über die klappbaren Stirnwände. In den Epochen II bis IV sind diese oder ähnliche Wagen unerlässlich für ein realistisches Abbild der Eisenbahn.

Der Nachbau im Modell

Auf Grund ihrer senkrechten Innenwände eignen sich die Güterwagen der E-Gruppe hervorragend, um mit auswechselbaren Einsätzen individuell beladen zu werden.

Aus feinporigem Hartschaumstoff werden passende Einsätze mit zwei Drittel der Ladebordwandhöhe hergestellt. Der vorgestellte Güterwagen der Baugröße H0 (ein Trix E 035 ex Omm 46) hat das Innenmaß von 98 x 31 x 15 mm, der Schaumstoffklotz sollte also 10 mm hoch sein. Er wird in der Grundfarbe des beabsichtigten Ladegutes gestrichen: Schwarz für Kohle, graubraun für Sand oder Schotter. Nach dem Trocknen wird der Schaumstoffklotz eingesetzt und die obere Fläche mit Weißleim bestrichen. Als Ladegut eignen sich u.a. feingestoßene Kohle, Modellbahnschotter oder Sesam als Zuckerrübenersatz. Das Gut wird aufgestreut und zu einzelnen Schüttkegeln geformt. Stark verdünnter Weißleim, mit Spülmittel versetzt und mittels einer Spritze aus der Apotheke eingebracht, fixiert das Ladegut dauerhaft.

Bei Bedarf kann der Lademeister das Ladegut austauschen, wenn er mit einem Messer vorsichtig an den Kanten die festgeklebte Ladung von den Wagenseitenwänden löst.

Holzkisten

Das Vorbild

Maschinenteile, Großanlagen oder sonstige wertvolle Güter müssen vor Witterungseinflüssen oder neugierigen Blicken geschützt werden. Geht der Versand nach dem Bahntransport weiter und ein Container lohnt sich nicht (oder aber die Modellepoche ist in der »Vorcontainerzeit« angesiedelt) bleibt nur der Griff zur Holzkiste. Ähnlich wie der Transport von Großkabeltrommeln sind mehrere Güterwagentypen zum Versand der großen Holzkisten geeignet, K-, S-, oder U-Wagen sind die am meisten verwendeten. Unterschiedliche Ausführungen und Beschriftungen erleichtern die Modellnachbildung erheblich.

Der Nachbau im Modell

Die Modellumsetzung einer Transportkiste aus Holz ähnelt der Bastelanleitung zur Grosskabeltrommel. Deshalb soll in diesem Text die spezielle Anleitung zum Anfertigen einer Transportkiste, passend zu einem Uis 632-Tiefladewagen, der Firma Fleischmann in der Baugrösse N (1:160) gegeben werden. Abwandlungen oder die Verwendung anderer Modellgüterwagen sind bei Änderungen der Modellmaße selbstverständlich jederzeit möglich.

Das Außenmaß der Transportkiste für den ausgewählten Uis-Güterwagen soll den maximalen Laderaum des Wagens ausnützen. Die gewählten Maße sind damit: 35 x 18 x 20 mm. Die Kiste besteht aus einem Holzkern, seine Maße müssen 1 mm je Maß (0,5 mm je Fläche)

Eine große Holzkiste mit leichtem Inhalt, wie auf Grund des zweiachsigen Tiefladewagens ersichtlich, ist dank deutlicher Lademaßüberschreitung als Sonderzug unterwegs.

»Lothar« sei Dank: Ein bis ans Maximum beladener Eaos.

kleiner sein. Die Verbretterung der Kiste wird aus 0,5 mm dünnem Holzfurnier, oft als Abfall aus der Schreinerei zu bekommen, hergestellt. Die »Bretter« werden aus den 1 mm breiten Streifen, die aus dem Furnier geschnitten wurden, entsprechend den Kernmaßen abgelängt und an allen Seiten aufgeleimt. Im nächsten Bauabschnitt wird ein »Rahmen«, ebenfalls aus den Furnierstreifen, um die Kanten der Kiste geleimt. Zur Feindetaillierung gehört auch noch ein Diagonalbrett je Kistenseite. Mit Wasserfarbe als »Beize« graubraun eingefärbt und abschließend mit der einen oder anderen Aufschrift versehen macht die Kiste eine gute Figur auf der Modellbahn.

Sturmholz

Das Vorbild

Holz ist ein oft transportiertes Gut, von ganzen Stämmen bis hin zu kleinen geschredderten Hackschnitzeln wird das Rohmaterial per Bahn zu seinen Abnehmern transportiert. Zum Einsatz kommen dafür offene Güterwagen ebenso wie Flach- oder Rungenwagen.

Holztransporte in großem Ausmaß erlebte in jüngster Zeit vor allem der deutsche Südwesten: Dort hatte der Orkan »Lothar« ganze Waldstücke großflächig gerodet, selbst große Laubbäume einfach umgeknickt und so reiche Ernte gehalten. Die Eisenbahnen in den betroffenen Gebieten erlebten eine ungeahnte Renaissance des Güterverkehrs, längst stillgelegte Ladegleise wurden reaktiviert und rollen musste alles, was Räder hat und einigermaßen für den Holztransport geeignet war.

Große Bäume wurden in ganzen Stämmen abtransportiert, die vielen kleinen und dünnen Bäume, oft von den großen Stämmen im Sturz umgerissen und höchstens für das Anfertigen von Spanplatten oder Papier geeignet, wurden und werden in Eaos-Wagen abgefahren.

Die Sturmholztransporte eignen sich in jeder Hinsicht als Vorbildsituation für den Nachbau im Modell, von den Zuggarnituren angefangen bis hin zum eigentlichen Ladegut. Zugeschnitten auf die Ladebreite des Güterwagens wird das Holz oft einfach mittels des Ladekranes des Transport-Lkw, der die Stämme aus dem Wald gebracht hat, in die Güterwagen verladen. Um möglichst viel Holz auf einmal wegzubringen, sind die Stämme oft über die Ladebordwand hinaus »aufgestapelt« und an den Stirnwänden mit zwei senkrecht eingesteckten Stämmen gegen ein Verrutschen in Fahrtrichtung gesichert. Zusätzlich wird die Ladung mit Flacheisen oder Gurten niedergebunden.

Der Nachbau im Modell

Die Herstellung der Ladung ist denkbar einfach. Dünne Äste und Zweige sind das Ausgangsmaterial, für die Baugröße H0 eignen sich Astdurchmesser von 3-6 mm. Sie werden im Backofen bei 50°C ungefähr eine Stunde lang getrocknet. Anschließend werden die Modellstämme mit einer feinen Metallsäge auf die Innenbreite des verwendeten Güterwagens abgelängt. Zum Abschluss werden sie auf einen vorbereiteten, graubraun gestrichenen Hartschaumklotz, der ebenfalls die Innenmaße, aber nur die halbe Ladehöhe des Güterwagens erhalten hat, schichtweise bis zum Erreichen des Lichtraumprofils geklebt. Zur Detaillierung der Ladung sollten noch die Hilfskonstruktion aus senkrechten Stämmen an den Stirnkanten sowie Flachbänder zum Niederbinden der Ladung aus dünnem, grau gefärbtem Karton nicht vergessen werden.

Ladegutabdeckung aus Planen

Das Vorbild

Ladegüter, die in offenen Güterwagen transportiert werden, müssen oft gegen Nässe, Staub und Schmutz geschützt werden. Werden die Güter nicht in Containern oder Kisten transportiert, benutzt die Bahn häufig Planen, um empfindliche Transporte vor der Witterung zu schützen. Selbst feuchtigkeitsempfindliche Schüttgüter in E-Wagen werden mitunter mit Planen abgedeckt. Zum Transport eines zu verhüllenden Ladegutes eignen sich alle offenen Güterwagen (z.B. R-, S- oder K-Wagen). Mögliche Ladungen können Lastwagen, Landmaschinen oder Werkzeugmaschinen sein, aber auch Betonformteile oder Transportkisten sind dankbare Verhül-

Das Ausgangsmaterial für die Planenladung: Balsa- oder Limbaholz, feiner Messingdraht und Bespannungsfolie aus dem Flugzeugmodellbau.

Schwere Last in blauer Plane, Untertitel: Ich hätte eigentlich ein Modellflugzeug werden sollen.

lungsobjekte. Wie die Ladung selbst sind auch Planenabdeckungen mit Schnüren oder Ketten festgezurrt, damit sie nicht flattern oder gar weg geweht werden.

Der Nachbau im Modell

Problemlos, schnell und kostengünstig sind Planen für die Modellbahnbahn aus leimgetränkten Papiertaschentüchern herzustellen – allerdings sind sie längst nicht so widerstandsfähig wie solche aus Kunststoff – fragen Sie Ihren Modelllademeister…

Zunächst sollte sich der Modellbahner Gedanken über die Ladung machen, die die Plane später abdeckt. Da von dem Ladegut nichts zu sehen ist, genügt es, aus Holz ein Modell zu basteln, das die ungefähren Formen des Transportgutes aufweist. In unserem Fall sollen zwei gleich große Holzkisten mit Werkzeugmaschinen in der Baugröße N abgedeckt werden, die auf einem Samms-u 453-Schwerlastgüterwagen der Firma Brawa transportiert werden. Einziges Maßkriterium sind das Lichtraumprofil nach NEM bzw. die Gegebenheiten der jeweiligen Anlage.

Als Modellplanen eignet sich Bespannungsfolie aus dem Flugzeugmodellbau mit einer Stärke von 0,05 mm, entweder selbstklebend oder mit Schmelzkleber beschichtet. Häufig vorkommende Farben sind rot, gelb oder blau, denkbar sind aber auch alle anderen Schattierungen.

Die L-förmigen Holzkisten (24 x 13 x 14 mm) wurden aus Limbaholz gefertigt und mit einem passend zurechtgeschnittenen Stück Folie verkleidet. Die Folie sollte den Konturen des zu verpackenden Materiales folgend von oben nach unten um den Holzklotz gefaltet werden, abstehende Folie wird mit Klebstoff an das Ladegut gelegt. Mit einem scharfen Bastelmesser wird die überstehende Folie unten ebengeschnitten, um einen guten Stand des Ladegutes zu ermöglichen. Verzurrt wird mit 0,3 mm dickem Messingdraht der schwarz eingefärbt ist. Holzbalken vor und neben der Ladung sichern das auf dem Güterwagen platzierte Ladegut gegen ein Verrutschen. Eine Alterung, ist nicht nötig, da diese Planen schmutzabweisend sind und zudem einen interessanten Farbpunkt im Güterwagenbraun setzen.

Die übrig gebliebenen Folienreste finden als Abdeckplanen verschiedenster Art auf der Modellbahn Verwendung.

Altglas

Das Vorbild

Altglas-Recycling ist seit Jahren gang und gäbe und sorgt mittlerweile für ein erhebliches Frachtaufkommen auch bei der Eisenbahn. Da das Ladegut feuchtigkeitunsempfindlich und staubfrei ist und zudem ein hohes Eigengewicht besitzt, ist der Transport in geschlossenen Güterwagen nicht nötig. Daher wird das Altglas häufig in offenen oder in Schüttgutwagen befördert. Für den Modellbahner eignet sich beispielsweise die Nachbildung eines Altglastransportes in E- oder Eaos-Wagen. Das Vorbild kennt einzelne Wagenladungen genauso wie Wagengruppen oder sogar Ganzzüge.

Der Nachbau im Modell

Glasbruchladungen im Modell werden ähnlich nachgebildet wie Kohle- oder Schotterladungen, allerdings muss auf die Transparenz des Materiales geachtet werden. Als Grundstoff bestens geeignet sind feine Glasperlen aus dem Bastelgeschäft. Um deren Transparenz zu erhalten, sind zwei wichtige Dinge zu beachten: Das Material darf nicht auf einen undurchsichtigen Einsatz im Modellgüterwagen gestreut werden, und der verwendete Klebstoff muss glasklar aushärten.

Daher verwendet der Bastler als Einsatz statt Schaumstoff eine glasklare Kunststoffplatte. Diese schneidet der Modellbahner auf die Innenmaße des Wagens und unterfüttert sie ggf. mit zwei schmalen Streifen aus dem gleichen Material, damit die Platte so hoch zu liegen kommt, dass höchstens die Hälfte des Wagens mit den Glasperlen gefüllt werden muss. Diese haben nämlich ein hohes Eigengewicht und eine komplette Füllung würde den Wagen unötig schwer machen. Anstelle von Klebstoff wird für die Befestigung der Ladung glänzender und verdünnter Klarlack benutzt. Es empfiehlt sich, die-

Die nicht vorbildgerechte Form der Glasperlen löst sich in der Masse der Beladung auf und ist im fahrenden Güterzug schon gar nicht mehr erkennbar.

se Ladung im Güterwagen zu belassen, da der Klarlack im Gegensatz zum Weißleim eine feste Verbindung mit dem Güterwagen eingeht.

Offene Gepäckwagentüren

Das Vorbild

Keine Ladung im eigentlichen Sinn, aber als Anregung für den Modellbahner nicht minder interessant sind geöffnete Türen an Güterzugbegleit-, Expressgut- oder Gepäckwagen. Ob die Türen zu Lüftungszwecken oder zum schnelleren Entladen eines Expressgutes geöffnet blieben, ist letztlich zweitrangig – auf jeden Fall beleben derartige Wagen das Bild eines Güterzuges erheblich. Um einen Wagen mit geöffneten Türen zu bewegen, muss allerdings die Ladeöffnung gesichert werden. Das Vorbild verfügt zu diesem Zweck über klappbare Holzbalken an jeder Öffnung. Meist sind diese pendelnd an zwei Flacheisen befestigt und im Ruhezustand oberhalb der Ladeöffnung eingehängt. Wird der Wagen im Zugverband mit geöffneten Türen bewegt, wird der Schutzbalken einfach heruntergeklappt, und in seiner Endlage etwas unterhalb der Mitte der Ladeöffnung durch die Flachbänder an seinen Enden gehalten. Da der Balken eine größere Länge als die lichte Öffnung der Ladeöffnung hat, kann er nicht nach außen fallen und schützt so das Personal vor dem unfreiwilligen Verlassen des Zuges.

Der Nachbau im Modell

Am einfachsten gestaltet sich der Nachbau, wenn unter den Modellgüterwagen ein Fahrzeug mit zu öffnenden Türen ist. Mit etwas Klebstoff, hellgrauer Farbe und einem Stückchen »Modellkantholz« ist die Umrüstung mit wenigen Handgriffen erledigt. Die Vorbildmaße der Ladesicherung entsprechen einem Kantholz mit ca. 10 x 15 cm Querschnitt, die Länge muss die Ladeluke um ca. 20 cm je Seite überragen. Von diesen Maßen können die jeweiligen Modellmaße leicht berechnet werden, sodass sich ein detailliertes Modellmaß erübrigt.

Die Halteeisen müssen nicht nachgebildet werden, der grau gestrichene Modellbalken wird einfach von hinten in die Ladeöffnung geklebt, lediglich auf die Konstruktion der Türen sollte Rücksicht genommen werden. Fotoklebstoff eignet sich besonders gut, da er fast spurlos wieder ablösbar ist, sodass der so behandel-

Sommer, Sonne, Hitze – so eine Fahrt durch den kühlenden Wald wirkt besonders bei offenen Türen erfrischen. Zur Sicherheit des Begleitpersonals dienen auch im Modell die Absperrbalken aus Holz.

te Modellwagen bei Bedarf leicht in seinen Ursprungszustand zurückversetzt werden kann. Kisten, Fahrräder und ein Modellschaffner, der sich auf den Balken abstützt, vervollständigen die Arbeit, und schon ist das Kleinod einsetzbar.

Kesselwagenentladung

Das Vorbild

Bislang beschäftigten uns in diesem Kapitel die verschiedenen **Be**ladungen, doch zur großen Eisenbahn gehört natürlich auch das **Ent**laden. Kesselwagen sieht man weder beim Vorbild noch im Modell an, ob sie be- oder entladen sind. Für den Modellbahner interessant ist jedoch das Entladen eines Kesselwagen selbst, wie man es beispielsweise in einem Bahnbetriebswerk oder im Anschlussgleis eines Brennstoffhändlers beobachten kann.

Unser Vorbild ist die Entladung eines Kesselwagens in einen Erdtank. Die Standorte einer solchen Entladestelle sind vielfältig, besonders geeignet sind Dieseltankstellen in Bahnbetriebswerken, Ölvorratstankanlagen für einen kleineren Brennstoffhändler im Industriegebiet oder unterirdische Tankanlagen eines kleinen Betriebes für Chemische Produkte. Auch die Heizöltanks einer großen Fabrikanlage werden mitunter per Bahn versorgt. In der einfachsten Grundausstattung sind nur wenige Bauteile sichtbar, da die Tankanlagen unsichtbar unter dem Erdboden sind. Neben dem Gleis zum Bereitstellen der Kesselwagen liegt in einigem Abstand ein Schachtdeckel, der in einer rechteckigen Betoneinfassung ruht. Moderne Anlagen haben zusätzlich noch eine Auffangwanne aus Beton, die ein Versickern von ausgetretenen Flüssigkeiten im Erdboden verhindert. Unter dem Schachtdeckel befindet sich das Zählwerk und der Füllstandsanzeiger sowie der Füllstutzen des Erdtankes. Ein weiteres wichtiges Detail ist das ca. einen halben Meter aus dem Fundament ragende Entlüftungsrohr. Es sollte im oberen Viertel rechtwinklig gebogen sein, um ein Eindringen von Regenwasser zu verhindern. Befüllt wird der Erdtank einfach über einen dicken Schlauch vom Kesselwagen zum Befüllstutzen unter Zuhilfenahme der Schwerkraft.

Der Nachbau im Modell

Die Modellumsetzung des Vorbildes erfolgt in der Baugröße H0 (1:87), unser Vorbild ist eine Brennstoffhandlung der frühen Epoche III. Ist der Standort der Verladeanlage bestimmt,

Der einfache Aufbau und die große Platzersparniss dieser Bastelei im Vergleich zu sichtbaren Tankanlagen wird im Rohbau besonders deutlich.

Klein aber fein: Eine neue Rangierstation ist entstanden.

wird ab ca. 25 mm vom Gleisende ein Betonfundament aus grau gestrichenem 3 mm dickem Sperrholz gesetzt. Seine Größe beträgt ca. 25 mm x 15 mm. Es wird in eine Einfassung aus Kies oder Sand gesetzt, die bis an den Gleisschotter reicht. An einer Kante wird etwas außermittig ein 9 mm-Loch zur Aufnahme des Schachtdeckels aus Rundholz gebohrt. Das freie Ende des Fundamentes erhält im Kantenabstand von 2 mm ein Loch mit einem Durchmesser von 0,8 mm, in ihm wird das Entlüftungsrohr befestigt, letzteres besteht aus einem abgewinkelten, ca. 12 mm langen Stück 0,8 mm-Draht. Der Überstand aus dem Fundament sollte ca. 7 mm betragen, 3 mm stecken im Fundament und 2 mm sind oben im 90°-Winkel umgebogen.

Das Entlüftungsrohr wird dunkelgrau bis schwarz gestrichen. Um den Entladevorgang darzustellen, wird der geöffnete Schachtdeckel aufgeklappt am Rand der Öffnung des Fundamentes angeklebt und das Loch schwarz gestrichen. Ein etwa 1 mm dicker Schlauch entsteht aus einem Stück Kabel. Das schwarz gestrichene Kabel wird am freien Ende mit einem Stück runden Kunststoffes (1 x 2 mm) versehen, es stellt den Anschluss des Schlauches dar und wird silberfarbig lackiert. Ein Modellarbeiter sollte gerade mit dem Verlegen des Schlauches beschäftigt sein, ohne ins Lichtraumprofil zu ragen, sodass ein Rangieren der Kesselwagen möglich bleibt. Nun noch etwas »Umweltverschmutzung« – und das neue Ladegleis kann in Betrieb gehen.

»Entdecke die Welt!«

Allgemeine Details

Sicher werden bei dieser Überschrift einige Leser fragen, was dieses Unterthema wohl noch beinhalten kann, nachdem doch in den vorangegangenen Kapiteln schon fast alle Bereiche abgedeckt wurden. Aber es wurde eben nur *fast* alles abgedeckt. Denn schließlich gibt es auch außerhalb der Bahnhöfe, Gleisanlagen oder Wohngebieten für aufmerksame Betrachter unendlich viele Details zu entdecken.

Der sonntägliche Spaziergang mit Familie lässt sich dabei genauso zur Entdeckungsreise umfunktionieren wie die tägliche Fahrt zur Arbeit. Auch eine sommerliche Radtour oder eine Urlaubsreise kann dem neugierigen Forscher viel Neues bereit halten. Grundsätzlich ist es für Modellbahner nie ein Nachteil, immer eine Kamera mitzuführen. Auch ein kleines Maßband, ein Stift und ein Stück Papier sind hilfreich, damit die aufgespürten Kleinigkeiten aufs Bild gebannt und mit Abmessungen festgehalten werden können.

Machen wir doch in Gedanken eine kleine Radtour aus der Stadt hinaus ins Grüne. Gleich an der nächsten Straßenecke finden wir ein kleines Transformatorenhäuschen. Ein unscheinbares Detail, das sich aber nicht nur für die Gestaltung von Wohngebieten eignet, sondern auch oft entlang von Eisenbahnstrecken zu finden ist. Kurz darauf unterbricht eine gesperrte Straße unfreiwillig unseren pedalritterlichen Tatendrang: Ein Wasserrohrbruch unter der Straße beschäftigt einige städtische Angestellte und Arbeiter des Bauamtes, die hektisch versuchen, die

zu Tale strömenden Wasserfluten einzudämmen. Da die eingelegte Fahrradpause länger dauert, wird nebenbei ein Apfel gegessen und der Rest in einem in der Nähe stehenden öffentlichen Mülleimer entsorgt – auch dies ein ohne viel Aufwand zu erstellendes Detail, das an vielen Stellen in eine Anlage integriert werden kann. Selbst eine kleine Serienproduktion würde sich dabei lohnen, denn Mülleimer finden sich gerade in der Nähe öffentlicher Einrichtungen wie Bahnhöfen, Ämtern oder Bushaltestellen in gehäufter Zahl.

Nachdem der Wasserschaden notdürftig behoben ist, setzen wir die Radtour fort. Allerdings betrachten unsere Augen nun mit mehr Aufmerksamkeit den Boden und so fallen die verschiedenen Kanal- und Elektrodeckel im Straßenbelag natürlich besonders auf. Parallel zur Straße verläuft ein Bürgersteig, der mit einem Geländer noch zusätzlich zur Fahrbahn hin abgesichert ist. In ein paar Jahren soll hier wohl eine Allee entstehen, zumindest zeugen die frisch angepflanzten Bäume vom guten Willen der Stadtplaner. Damit die Bäume nicht frühzeitig umfallen, werden sie an Stützpfosten angebunden. Nach einer Rechtskurve verlassen wir die Stadt und fahren auf einem geteerten Feldweg weiter. Dieser überquert auf einer kleinen Holzbrücke eine eingleisige Schienenstrecke und verläuft dann zum Wald. Der Weg führt an einem Berghang entlang, der von einem Steinschlagschutz gegen herabfallende Steine und Geröll geschützt wird. Plötzlich ist die Fahrt zu Ende, denn vor uns taucht eine kleine Waldschranke auf, die uns an der Weiterfahrt hindert. Schade, denn das Ziel wäre das ehemalige Bergwerk auf der anderen Seite des Berges gewesen. Auch dies wäre ein Detail gewesen, das sich einfach hätte nachbilden lassen und die Blicke der Betrachter auf sich gezogen hätte.

Im wirklichen Leben wäre diese Radtour ein Flop gewesen, denn wir hätten vorzeitig und damit unzufrieden umkehren müssen. In unseren Gedanken war sie jedoch aufgrund der vielen entdeckten Details ein voller Erfolg. Fazit: Selbst das ganz alltägliche Leben ist voll von reizvollen Anregungen – man muss nur die Augen offen halten. Mit Fantasie und Freude am Experimentieren lässt sich das meiste davon ins Modell umsetzen, ohne dass dadurch der Geldbeutel sonderlich belastet wird. Und der geringe Aufwand, den derartige Basteleien erfordern, steht in keinem Verhältnis zu dem Stolz, den der Erbauer empfindet. Gerade diese selbstgeschaffenen Details sind Unikate und machen eine Modellbahnanlage einzigartig.

Schutzzäune

Das Vorbild

In den meisten Fällen dienen Zäune zur Abgrenzung nicht öffentlicher oder privater Flächen. Die für die Modellbahn weitaus interessantere Variante des Zaunthemas stellen die Schutzzäune dar, wie sie in früheren Zeiten an Straßen oder an Bahnanlagen zu finden waren und zum Teil heute noch sind. Insbesondere auf dem Land finden sich vielerorts noch Schutzzäune an gefährlichen Stellen, Geländer an Wanderwegen oder Steilhängen oder auch Barrieren an alten Bahnanlagen, an denen Maß genommen werden kann.

An Bahnanlagen oft anzutreffen sind Abgrenzungen aus alten Schienenprofilen, sie stehen oft entlang von Ladestraßen oder dienen als Bahnsteigabsperrung zwischen dem Hausbahnsteig und einem Inselbahnsteig. Im Abstand von ungefähr 1,5 m sind Schienenprofile oder T- beziehungsweise Doppel-T-Träger in den Boden gerammt, sodass die Oberkante der Absperrung ca. 1 m beträgt. Darauf läuft nun ein durchgehendes Profil aus einer alten Schiene oder ebenfalls einem T- oder Doppel-T-Träger.

Eine aufwendigere Variante ähnelt dieser Form , verfügt jedoch zusätzlich auf einer Höhe von ca. 20 cm über durchgehende Rohre, die den Zaun stabilisieren und gleichzeitig ein Unterqueren erschweren.

Die früher an Straßen statt der heute üblichen Leitplanken verwendeten Zäune sind ähnlich aufgebaut. weisen jedoch auch oben ein durchgehendes Rohr auf, das kurz unterhalb der

Dieser Zaun eines Wanderweges entstand aus Rohrprofilen und alten Schienen, deren älteste Beschriftung das Herstellungsjahr 1861 anzeigt. Der geteerte Weg im Hintergrund war einst die berühmte Zahnradstrecke Honau–Lichtenstein im Zuge der Strecke Reutlingen–Schelklingen.

Das etwas abgewandelte N Modell des Honauer Vorbildzaunes schmückt eine Ladestraße.

Oberkante verläuft, zusätzlich ist die obere Seite des Pfostens abgerundet. Hier sollte ein Doppel-T-Träger als Pfosten Verwendung finden.

Der Nachbau im Modell

Für die Nachbildung von Schutz- oder Absperrzäunen eignen sich Profile verschiedenster Materialien und Formen. Zwei unterschiedliche Zaunvorbilder wollen wir beschreiben. Als kleine Hilfestellung nennen wir die wichtigsten Maße in der Baugröße H0 als Richtlinie, doch können diese selbstverständlich je nach Notwendigkeit variiert werden.

Die Pfosten sollten in einem Abstand von 18 mm aufgestellt werden, die Höhe der Pfosten beträgt ca. 11 mm, wobei die untere durchgehende Stange ca 3 mm von der Kante des Anlagenbrettes entfernt verläuft. Der Profilquerschnitt für die Pfosten beträgt 2,2 x 1,6 mm.

Als erstes Modellbeispiel beschreiben wir die Nachbildung eines Absperrzaunes aus Schienenprofilen und Doppel-T-Trägern. Um die

Das H0-Modell eines Schienenprofilzaunes im Rohbau, die einzelnen Lackierungsschichten werden hier besonders deutlich. Es sollte beim Nachbauen keinesfalls auf die Grundierung verzichtet werden, da sich sonst schon bei geringen Berührungen blanke Stellen ergeben.

Der fertiggestellte Zaun wird bereits vom »Modellautorenteam« ausgemessen.

durchlaufende obere Schiene nachzubilden, sollte am besten ein handelsübliches Schienenprofil verwendet werden, aus optischen Gründen ratsam ist ein Code 75-Profil (oder ein noch kleineres), zumal Vorbildzäune oft aus alten kleineren Schienen hergestellt sind. Messingprofile sind zur Herstellung der Pfosten bestens geeignet, da sich Messing leicht mit dem Schienenprofil verlöten lässt; wer eine Verklebung vorzieht, kann das mit Sekunden- oder Zweikomponentenkleber ebenfalls tun.

Auf der Anlagengrundfläche wird nun ein Strich gezogen, auf dem im Abstand von 20 mm Löcher im Durchmesser des verwendeten Pfostenmaterials gebohrt werden. Die Tiefe der Bohrung sollte mindestens 3 mm betragen, um eine ausreichende Stabilität zu erreichen. Dann werden abgelängte Pfosten aus Doppel-T-Profilen eingeklebt und mittels eines Messschiebers oder einer einfachen Schablone in der Höhe auf 10 mm ausgerichtet. Nach dem Aushärten des Klebers werden die Pfosten oben verzinnt und die abgelängten und vorgebogenen Schienenprofile aufgelötet. Die geklebte Variante braucht natürlich nicht vorverzinnt zu werden, es empfiehlt sich jedoch, die Klebepunkte zu entfetten, um eine gute Stabilität zu erhalten. Abschließend muss der Zaun natürlich noch lackiert werden, jedoch darf keinesfalls auf eine Haftgrundierung verzichtet werden, um ein Durchschimmern blanker Metallteile zu verhindern. Je nach Alter und Zustand des Zaunes sind rostige bis graue Farbtöne angebracht, im Bereich von Übergängen können auch Warnmarkierungen angebracht werden.

Das zweite Beispiel beschreibt den Nachbau einer alten Leitplanke aus Doppel-T-Profilpfosten und mittig sowie oben durchlaufenden Rohren, die eine Ladestraße von einer Bahnlinie trennt. Abweichend vom ersten Beispiel sind die Maße für die Baugröße N (1:160) angegeben. Die H0-Maße sind jedoch in Klammern angegeben.

Da zur Herstellung der Pfosten einige Bohrungen notwendig sind, empfiehlt sich die Verwendung von Kunststoffprofilen, bei niedriger Drehzahl können so problemlos und schnell sehr viele Pfosten gebohrt werden. Auch ist ein Abrunden der Pfostenoberteile wesentlich einfacher, wobei diese Feinarbeit allerdings erst ab der Baugröße TT aufwärts nötig ist, in kleineren Maßstäben wird sie gar nicht wahrgenommen.

Wie oben beschrieben werden zuerst die Bohrlöcher markiert und ausgebohrt. Die ermittelte Anzahl an Pfosten kann nun von der Profilstange der Größe 1,8 x 1,2 mm (2,2 x 1,6 mm oder kleiner) mit einem scharfen Bastelmesser abgeschnitten werden, die Länge des sichtbaren Teiles beträgt 8 mm (18 mm) dazu kommen noch 3 mm zur Verankerung im Bohrloch. 0,5 mm (1 mm) und 5 mm (0,7 mm) vom oberen Rand des Pfostens entfernt werden nun Löcher von 0,5 mm (0,8 oder kleiner) gebohrt, durch diese werden die Imitationen der Rohre aus 0,4 mm-Draht (0,7 mm oder kleiner) durchgesteckt. Es ist darauf zu achten, dass der Draht etwas dünner als das Bohrloch ist, um ein Verkanten bei der Montage zu verhindern. Sind die Pfosten gesetzt und der Draht eingezogen, sollte darauf geachtet werden, dass der obere Draht an den Enden oder bei Übergängen ca. 2 mm (4mm) vorsteht, um ihn halbrund nach unten biegen zu können, wodurch ein vorbildgerechter Abschluss entsteht. Ist der Draht an den Enden mit den Pfosten verklebt, muss wiederum mit handelsüblichem Haftgrund grundiert werden. Die Farbgestaltung kann nun mit dunkelgrauem Acryllack erfolgen, zur Alterung können rotbraune Rostspuren mit einem Borstenpinsel fast trocken oder als Pulverfarbe aufgebracht werden, zum Schluss wird hier und da noch ein kleiner Busch gepflanzt.

Wasserrohrbruch

Das Vorbild

Baustellen sind ein beliebtes Thema auf der Modellbahnanlage, folgerichtig ist das Angebot an Baustellenzubehör aller Art reichhaltig. Die Reparatur eines Wasserrohrbruches ist jedoch ein selten nachgebildetes Vorbildmotiv, obgleich es für die Modellbahn bestens geeignet ist. Wasserrohrbrüche gibt es beim Vorbild vor allem im Winter, wenn das gefrierende Wasser die Leitungen beschädigt. Verschiebungen des Bodens oder einfach überalterte Leitungen können jedoch auch in den wärmeren Jahreszeiten zu derartigen kleinen Katastrophen führen. Das unter Druck stehende Wasser sucht sich dann seinen Weg, in diesem Fall direkt nach oben, und sprengt die Asphaltdecke der Straße auf. Je nach Druck und den vor Ort herrschenden Umständen kann das Wasser nun einfach herauslaufen oder fontänenartig herausschießen. In jedem Fall ist die Umgebung sehr nass und genau dies macht das Thema sehr reizvoll, da es möglich

Der Vorbildrohrbruch wirkt recht unspektakulär.

wird, auf der sonst trockenen Anlage Pfützen und größere Wasserflächen nachzubilden.

Der Nachbau im Modell

Die Umsetzung ins Modell ist in diesem Fall besonders einfach und schnell realisiert, jedoch sollte auf ein paar Raffinessen nicht verzichtet werden. Benötigt werden ein Kastenwagen (am besten in kommunaler Ausführung), drei bis vier Arbeiter, die noch etwas verändert werden sollen, vier Absperrhütchen, glänzender Klarlack und ein Stück Straße oder Gehweg.

Begonnen wird mit dem Untergrund: Dort wo das Wasser austritt, wird eine unregelmäßige Vertiefung mit ca. 10 mm Durchmesser in das Planum geschnitten, die Tiefe sollte höchstens 5 mm betragen. Nun werden »Asphaltstücke« aus Karton so aufgeklebt, dass der Eindruck einer nach oben geborstenen Straßendecke entsteht. Sind Kopfsteinpflasterstraßen verlegt, müssen entsprechende Bruchstücke vorhanden sein, die erhöht und der Bewegungsrichtung des Wassers folgend angebracht werden. Ist alles farblich angeglichen und die Farbe gut getrocknet, wird das austretende Wasser mit Klarlack nachgebildet. Auch hier gilt: Wasser fließt immer nach unten und sammelt sich in Vertiefungen wie Pfützen, Straßengräben oder auch Kellereingängen. Zur Nachbildung des Wassers gehören auch die Spuren durchfahrender Autos. Aufgebracht wird der Lack an ebenen Modellen am besten durch Gießen des unverdünnten Lackes, im Gefälle mit einem Pinsel oder besser noch mit einer Airbrush-Pistole in mehreren Schichten, sodass eine kontrollierte Wassergestaltung möglich ist. In den fast trockenen Lack werden noch Strukturen gedrückt, um ein Fließen darzustellen.

Zwei der bereitgelegten Figuren werden mit einem Plan der Rohrleitung ausgestattet, vor dem mit Absperrhütchen gesicherten Leck warten weitere Arbeiter auf Anweisungen oder diskutieren neben dem Einsatzwagen. Technisch begabte Bastler können bei größeren Spuren natürlich mittels Umwälzpumpe auch echtes Wasser ins Spiel bringen, eine gute Wassernachbildung aus Klarlack übt jedoch ihren eigenen Reiz aus.

Im dichten Grün ist dieser Revisionsschacht kaum auszumachen, dank der Warnpfosten fällt er jedoch sofort auf.

Revisionsschacht für Rohrleitungen

Das Vorbild

Überlandrohrleitungen für Wasser oder Gas müssen für Wartungs- und Kontrollgänge erreichbar sein. Um unterirdisch verlegte Rohre sind daher in unregelmäßigen Abständen senkrechte Wartungsschächte angebracht.Erkennbar sind diese Schächte außerhalb geschlossener Ortschaften an einer Betoneinfassung mit etwa 160 x 120 cm Querschnitt. Den Eingang decken meißt runde eiserne Schachtdeckel mit 90 cm Durchmesser ab, seltener ist daneben noch ein kleiner runder Deckel eines Hydranten mit 15 cm Durchmesser vorhanden. Zu ihm gehört auch ein kleines blaues Schild mit dessen Daten. Der Einstieg liegt außermittig an einem Rand der Abdeckplatte.

Der Nachbau im Modell

Kleinere Straßen oder Feldwege eignen sich als Standort zur Nachbildung der Revisionsschächte hervorragend. Die Betondeckplatte wird aus 3 mm dickem Balsa oder Sperrholz hergestellt, die H0-Maße betragen 19 x 14 mm. In die ausgesägte Platte wird vorsichtig 5 mm vom Rand einer kurzen Kante mittig ein 8 mm großes Loch gebohrt, sodass der Abstand Bohrloch - Kante 1 mm beträgt. Dieses Loch nimmt später den Schachtdeckel auf.

Nun wird die Oberfläche gespachtelt, geschliffen und betongrau eingefärbt. Der Schachtdeckel wird aus einem 8 mm-Rundholzstab 3 mm dick abgeschnitten, fein geschliffen und an einer Stirnkante mit einem Kranz aus 0,5 mm starken Bohrungen versehen. Diese sollten 1 mm tief sein und geben die Öffnungen solcher Deckel wieder. Rostig braun gestrichen ergibt das einen guten Eindruck eines Gullydeckels. Er wird nun in die Bohrung des Betondeckels geklebt. In die Anlage integriert wird der Schacht durch Aufkleben an einer geeignete Stelle.

Den Abschluss bilden einmal mehr Pflanz- und Alterungsarbeiten »al gusto«.

Waldwegschranken

Das Vorbild

Waldwege werden oft durch Schranken vom öffentlichen Verkehr abgegrenzt. Mit ihrem rotweißen Warnanstrich setzen sie in ländlich grü-

Die im Text und anhand der Zeichnung näher beschriebene Schranke im Original.

ner Umgebung farbige Akzente. Die Vorbilder sind vielzählig und ihre Maße können bis auf die Höhe des Schrankenbaumes, der 90 cm ab Grund behalten sollte, deutlich variiert werden. Die Schranken sind in der Grundfarbe rot lackiert, der Schrankenbaum ist mit weißen Warnmarkierungen versehen.

Der Nachbau im Modell

Das erste Vorbild ist eine moderne Schranke, wie sie seit den Siebzigerjahren verwendet wird. Der standardisierte Aufbau ist sehr einfach und kommt im Modell ohne Löten und Metallteile aus. Grundmaterial sind Kunststoffprofile. Die Schranken bestehen aus Vierkant-Stahlprofilen mit einem Querschnitt von 8 x 8 cm, der Schrankenbaum ist 291 cm lang, die beiden Standsäulen 110 cm hoch. Zwischen ihnen läuft der Schrankenbaum sowie ein Gegengewicht (19 x 28 x 8 cm), welches direkt am Schrankenbaum angebracht ist und diesen auf 310 cm verlängert.

Damit der Schrankenbaum in der Waagrechten bleibt, wird er durch einen 8 cm hohen Steg zwischen den beiden Standpfosten am Weiterdrehen gehindert. Den Abschluss bildet der Drehpunkt vorn unterhalb des Schrankenbaumes. Die Hinterkante der Schranke ist 80 cm von ihm entfernt.

Die Modellmaße beziehen sich auf die Baugröße H0, benötigt werden: Weiße Kunststoffprofile 1 x 1 mm, ein Stück Draht mit 0,5 mm Durchmesser, seidenmatte rote Farbe, etwas Abklebeband sowie Sekunden und Kunststoffkleber. Der Werkzeugbedarf beschränkt sich auf Bastelmesser, Pinzette, Pinsel, und Bohrer (0,5 mm bzw. 1 mm).

Zunächst werden die Bauteile angefertigt. Den Schrankenbaum bildet ein 36 mm langes Stück Profil, ein weiteres Stück mit 2 mm wird nun oben an ein Ende des Baumes geklebt, es stellt das Gewicht dar. Zwei 18 mm lange Stücke bilden die Pfosten, die eingebaut 13 mm aus

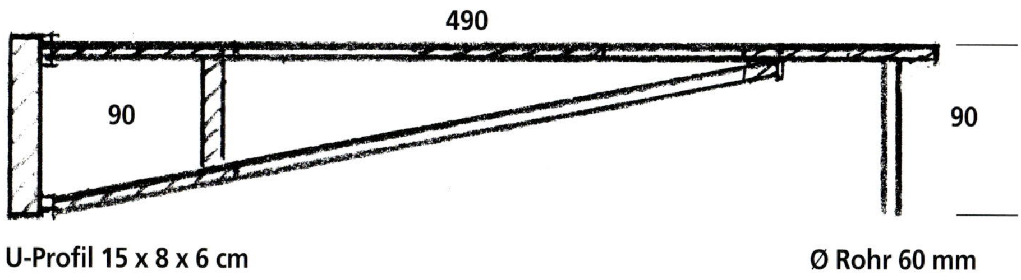

dem Boden stehen. 10 mm von der Oberkante entfernt wird nun 2 x 1 mm großes Stück an einen Pfosten geklebt, es folgt der zweite Pfosten auf der anderen Seite des Abstandsstückes, sodass eine 1 mm breite Lücke entsteht, durch die der Schrankenbaum passt. Der Drehzapfen aus Draht erhält in beiden Pfosten 3 mm unterhalb des oberen Endes ein entsprechendes Loch als Lager. In den Schrankenbaum wird ebenfalls ein 0,5 mm Loch gebohrt, und zwar mittig, 8,6 mm von der Hinterkante entfernt.

Jetzt können die Teile probehalber zusammengesetzt werden. Passt alles, wird der Schrankenbaum in die Waagrechte gebracht, und unter ihn ein 3 mm langes Stück Draht mit Sekundenkleber geklebt, es soll das Scharnier imitieren und verhindert ein Absinken des Schrankenbaumes in der Waagrechten. An die Pfosten kommt nun noch ein 3 mm langes Stück als hintere, obere Arretierung des Schrankenbaumes. Nun fehlt noch die Farbe: Dazu wird der Baum noch einmal ausgebaut und an zwei Stellen mit 6 mm breitem Abklebeband versehen. Die Warnmarkierung der Schranke ist weiß-rot-weiß-rot von der Vorderkante gesehen. Nach dem Abkleben wird der ganze Baum seidenmatt rot lackiert - wenn die Farbe trocken ist, wird das Klebeband entfernt und die Schranke endgültig montiert. Befestigt wird die Schranke nun mittels Löchern in der Grundplatte, sodass der Schrankenbaum 10 mm vom Boden entfernt ist.

Eine einfache Schranke, wie sie überall zu finden ist kann zum Blickfang werden. Der Nachbau, hier im Maßstab 1: 45, benötigt kaum zwei Stunden Zeit. Minimaler Material- und Werkzeugeinsatz sind weitere erfreuliche Begleiterscheinungen dieser Bastelei.

Das zweite beschriebene Modell ist bereits ab den Dreißigerjahren zu verwenden. Werkzeug und Baumaterial entsprechen der oben beschriebenen Variante, als Grundbaumaterial findet dieses Mal ein Kunststoffrundprofil Verwendung. Die Vorbildmaße betragen: 6 cm Durchmesser des Schrankenbaumes, 15 x 8 x 6 cm U-Profil Standsäule. Der Schrankenbaum setzt sich aus vier Teilen zusammen: Der obere Schrankenbaum mit 490 cm Länge, eine Diagonalstrebe, die vom Boden des Pfostens schräg nach oben bis 90 cm vor das Ende der oberen Stange reicht, eine Verbindungsstrebe 90 cm vom Pfosten entfernt zwischen den beiden Stangen, sowie einem Stützpfosten am Ende des Schrankenbaumes aus 14 cm Rohr. Befestigt ist der Schrankenbaum durch Laschen ober- und unterhalb der oberen Stange sowie der Diagonalstrebe, die am Standpfosten verankert sind und mit einem Drehzapfen eine feste Verbindung zwischen den Teilen herstellen.

Für ein H0-Modell braucht der Bastler ein U-Profil 2 x 1 mm mit 15 mm Länge als Standpfosten, vier Drehlaschen aus 0,5 mm dickem Kunststoff (2 x 2 mm groß mit einem mittigen 0,5 mm Loch) – diese werden oben und unten an eine schmale Kante des Standpfostens geklebt, sodass ein U entsteht, in das die Stangen des Schrankenbaumes passen. Der Schrankenbaum selbst wird aus Kunststoff-Rundmaterial (1 mm) gefertigt, die obere Stange ist 56 mm lang, die Diagonalstrebe 48 mm. 10 mm von der Vorderkante der oberen Stange angesetzt und nach 36 mm mit der Verbindungsstrebe, die 8 mm lang ist, zu einem Dreieck verbunden, entsteht eine stabile Schranke. Das hintere Ende der Diagonalstrebe wird nun so gerade gebogen, dass es in die Lasche am Pfosten passt. Ist es eingesteckt, wird mit einem 0,5 mm-Bohrer ein Loch gebohrt, wobei das vorhandene Loch der Lasche als Führung benützt wird . Beide Teile verbindet ein 0,5 mm-Draht als Drehbolzen. Oben wird in gleicher Weise verfahren. Sollte das Bohren der sehr kleinen Bolzenlöcher Schwierigkeiten bereiten, kann die Schranke einfach an den Pfosten geklebt werden. Der Pfosten sowie 8 mm des Schrankenbaumes werden rot lackiert, dann folgen in 19 mm Abstand weiß-rot-weiß-rot. Der rote Streifen in der Mitte der Diagonalstrebe entfällt.

Abschließend wird die Schranke an einem Feldweg aufgestellt, am Ende mit einem 1,5 mm dicken roten Rohr als Auflage versehen und gegebenenfalls mit Rostfarbe gealtert.

Warnpfosten aus Schienenprofilen

Das Vorbild

Warnmarkierungen stehen überall dort, wo ein Hindernis im Weg ist oder anderweitig Gefahr besteht. Im Bereich der Eisenbahn finden sich häufig Warnpfosten aus alten Schienenprofilen, die meist rot-weiß lackiert sind. Um Abwechslung in die rot-weiße Warnlackierungswelt zu bringen, eignet sich die gelb-schwarze Variante, setzt sie doch deutlich farbige Akzente im »Einheitsgrün« der Umgebung. In den Boden gerammt oder einbetoniert ragen die Pfosten meist 120 cm aus dem Grund.

Der Nachbau im Modell

Das Ausgangsmaterial für die Warnpfosten bilden wie beim Vorbild Schienenprofile. Um eine optimale Wirkung zu erzielen, sollten möglichst feine Profile Verwendung finden.Unser H0-Bauvorschlag entstand aus 2,1 mm-Profil. Desweiteren benötigt der Bastler Abklebeband, Metallgrundierung, seidenmatte Farben in gelb und schwarz und ein kleines Holzbrett. An Werkzeugen sind eine Eisensäge, ein Bastelmesser, ein Lineal, ein 2 mm-Bohrer, eine kleine Feile und ein mittlerer Pinsel nötig.

Begonnen wird mit dem Ablängen der Pfosten vom Profil, die sichtbare Länge eines Pfostens beträgt 14 mm, hinzu kommen ca. 5 mm zur Befestigung im Bohrloch. Die Stirnkanten werden entgratet und ebengefeilt. In das Holzbrett werden in 5 cm Abstand Löcher gebohrt, die die Pfosten zum Trocknen aufzunehmen.

Das Gelb-Schwarz der Warnpfosten eignet sich im Modellmaßstab bestens zum Herausheben kleiner, sonst unscheinbarer Details.

Aufwändigster Arbeitsschritt ist die Lackierung, zunächst erhält das Profil eine Grundierung. Ist diese trocken, folgt ein Anstrich in Gelb. Auch dieser sollte gut durchtrocknen. Die Zeit nutzt der Modellbahner, um aus dem Abklebeband 2,3 mm breite Streifen zu schneiden. Der Farbfolge der Pfosten entsprechend wird 2,3 mm von oben beginnend ein Streifen Abklebeband fest angeklebt, es darf keine Löcher an den Kanten enthalten. Darauf folgt ein 2,3 mm breites Stück ohne Klebeband, dann wieder Klebeband und so weiter. Nun folgt der dritte Farbauftrag, dieses Mal in Schwarz. Ist die Farbe halbwegs trocken, kann der Bastler das Abklebeband wieder entfernen und die Pfosten an geeigneter Stelle der Anlage montieren.

Gehweggeländer

Das Vorbild

Wer glaubt,ein Geländer unterliege keinen modischen Einflüssen, täuscht sich gewaltig. Gerade in den letzten Jahren haben »Zeitgeist« und und neue Baustile dafür gesorgt, dass selbst so banale Dinge wie Geländer oder Absperrungen in bunter Vielfalt daherkommen. Unser Vorbild ist eine moderne, aus U-förmig gebogenen Metallrohren bestehende Variante. Sie dient als Gehwegbegrenzung und schützt sowohl den Autofahrer vor unachtsamen Fußgängern als auch diese vor den Autos.

Ein modernes Geländer entlang eines Gehweges, welches Fußgänger und Autofahrer voreinander schützt.

Der Nachbau im Modell

Der Nachbau im Modell ist kaum mehr als eine »Handgelenksübung«, denn als Grundbaustoff eignen sich die überall bekannten Bürotackerklammern hervorragend, weil sie bereits die richtige Form für die Geländer haben. Je nach Baugröße sollten aber die unterschiedlichen im Bürobedarf erhältlichen Klammerngrößen ausgesucht werden.

Die Klammern werden in eine Styroporplatte gesteckt und in der gewünschten Farbe lackiert. Während die Geländerteile trocknen, bohrt der Bastler entsprechend der Klammergröße in regelmäßigen Abständen mit einem sehr kleinen Bohrer Löcher entlang des ausgesuchten Gehwegs. Ein Minitropfen Klebstoff hinein, die farbigen Klammern mit dem offenen U nach unten so tief hineinstecken, dass das Geländer einem Miniaturbewohner der Modellstadt bis zur Hüfte reicht – und schon ist der Straßenverkehr wieder ein Stückchen sicherer geworden.

Verteilerkästen

Das Vorbild

Wohl jeder kennt die grauen Kästen, die nahezu überall herumstehen. Zumeist verbirgt sich dahinter ein Stromverteilerkasten, der die Schnittstelle zwischen dem Erdkabel und den Abnehmern bildet. Ähnliche Kästen enthalten Telefonanschlüsse.

Hergestellt sind die Verteilerschränke aus glasfaserverstärktem Kunststoff, neuere Modelle bestehen nur aus Kunststoff. Drei Hauptkomponenten bestimmen ihr Aussehen: Der Standsockel, meist ein Fertigbetonteil, der Grundkasten des Gehäuses mit der Türe, die die vordere Fläche fast vollständig ausfüllt, und der Deckel, dessen Form flach oder nach oben gewölbt ist. Die Maße der Verteilerkästen sind sehr variabel und dem Verwendungszweck angepasst, als Standardwert können jedoch 90 x 80 x 30 cm angesehen werden, hinzu kommt noch der Sockel, der ca. 15 cm hoch ist. Die Farbgebung ist hellgrau, bei alten

Exemplaren auch hellgraugrün. Die Kästen bestechen im Regelfall vor allem durch ihre Schlichtheit, normalerweise bilden ein mittig ab der Vorderkante angebrachtes Schloss sowie der Schriftzug »Nicht Bekleben« den einzigen Schmuck.

Der Nachbau im Modell

Alle im Vorbild existierenden Varianten zu beschreiben wäre ob deren Vielfalt ein aussichtsloses Unterfangen – aus dem vorgeschlagenen »Standardkasten« in Baugröße H0 können aber alle gewünschten Spielarten problemlos abgeleitet werden.

Den Grundkörper bildet 3 mm dickes Balsaholz, das zu einem 8 x 9 mm großen Rechteck geschnitten, mit Modellbauspachtel verspachtelt und geschliffen wird. Aus dem gleichen Material entsteht der 9 x 1,8 mm große Sockel. Der 9,2 x 3,4 mm große Deckel besteht aus 1 mm dickem Kunststoff, der Rohling wird von jeder Kante aus halbrund nach oben zur Mitte hin mit einer Feile modelliert. Aus dünnem Papier schneidet der Modellelektriker nun noch die 7 x 8 mm große Türe aus.

Nun werden Deckel und Fronttüre mit dem Grundkörper verklebt und hellgraugrün lackiert, der Sockel erhält einen betonfarbigen Anstrich und wird ebenfalls an den Grundkasten geklebt. Abschließend wird noch ein Schloss mit einem grauen Punkt aufgemalt und der Verteilerkasten kann montiert werden.

Das Modellautorenteam bei der Arbeit: Modellverteilerkästen zu finden, ist recht schwer. Im Original hingegen stehen sie an jeder Ecke.

Öffentliche Mülleimer

Das Vorbild

Getreu dem Motto »Unsere Stadt soll schöner werden« sind die Bürgerinnen und Bürger allerorten dazu aufgerufen, ihren Müll nicht einfach auf den Boden zu werfen, sondern fachgerecht zu entsorgen. Zu diesem Behufe bringen Kommunen und öffentliche Verkehrsunternehmen allerorten Mülleimer an, die nicht selten auch rege genutzt werden. Auf der Modellbahn hingegen scheint das Umweltbewusstsein längst noch nicht so weit gediehen zu sein, denn dort sind Mülleimer eher Mangelware – höchste Zeit also, gegen diese Unsitte entschieden vorzugehen. Die Initiative »Mülleimer für die Modellbahn« ist

»Unsere Stadt soll schöner werden« – also überall hin mit den neuen Mülleimern, auch wenn der moderne Kasten an die alte Wand überhaupt nicht passt.

Ein kleines Stück Kunststoffprofil, etwas Farbe und zehn Minuten Arbeit, schon ist ein neuer Mülleimer fertig. Durch die einfache Bauweise steht einer Serienproduktion nichts im Wege.

ein Kind der Epoche IV und hat die flächendeckende Versorgung mit einheitlichen Müllbehältern zum Ziel. Die Vorbilder sind schlicht ausgeführt, der rechteckige Behälter aus verzinktem Blech ist 55 x 35 x 30 cm groß, zur Abdeckung gegen Regen ist ein Deckel in umgedrehter L-Form aus dem gleichen Material über dem Abfallbehälter angebracht. Die Grundfläche des Deckels entspricht der des Behälters, seine Vorderkante ist 5 cm, seine Hinterkante dagegen 15 cm hoch. Daraus ergibt sich ein 10 cm großer Einwurfspalt, dessen Länge erstreckt sich bis 10 cm vor die Hinterkante. Die Müllbehälter sind entweder an einem eigenen Standpfosten oder aber an Haltestellenschildern, Wartehäuschen oder Hauswänden befestigt. Meist sind die Behälter grausilber oder metallfarben, der Deckel hingegen ist bunt, häufig signalorange.

Der Nachbau im Modell

Der Nachbau im Modell ist dank der einfachen Konstruktion völlig problemlos und für die Gemeindekasse der Modellstadt keine große Belastung, selbst bei flächendeckender Ausstattung.

Unsere H0-Modellmülleimer entstehen aus einem Kunststoffprofil mit quadratischem Querschnitt 4 x 4 mm. Als Standpfosten eignet sich ein dünner Nagel.

Von dem Profil wird ein 8 mm langes Stück geschnitten, es bildet den Behälter mitsamt dem Deckel. 6,3 mm ab der Unterkante erhält der kleine Quader einen genau 2,3 mm tiefen Sägeschnitt mit einer feinen Säge. Der so entstandene Deckel wird nun noch entgratet, auch können die Kanten gebrochen werden.

Den Abschluss bildet die Lackierung, das Untergestell ist schwarz-silber, der Einwurfschlitz wird mattschwarz abgesetzt, der Deckel darf bunt werden. Häufig sind die Deckel kommunalorange gestrichen, apart ist jedoch auch die Variante, in der der Mülleimerdeckel in den Produktfarben des Eigners erstrahlt (Verkehrsrot, Himbeerrot...).

Das Anbringen der Mülleimer an den geeigneten Stellen ist nun Sache des städtischen Bauhofs – auch das ist ein Detail, das den Nachbau lohnt, denn wie gesagt: Unsere Stadt soll schöner werden...

Kanaldeckel, Hydranten, Schieberschächte

Das Vorbild

Wo durch Verkehrswege wie Straßen oder Bahnlinien das Erdreich versiegelt wird, muss dem Regenwasser anderweitig Abfluss geschaffen werden. Andererseits benötigen Häuser wie auch Feuerwehr Wasserzuflüsse, z. B. Hydranten. Daher verlaufen unter Straßen, Plätzen und Bahnanlagen zahlreiche Wasserzu- und ablaufkanäle, die natürlich ihrerseits wieder Zugänge benötigen, damit sie gewartet und genutzt werden können. Häufig liegen verschiedene Vorbilder direkt beieinander. So sind zum Beispiel die ovalen Deckel der Wasserhydranten in Kombination mit nebenliegenden runden Deckeln des Absperrschiebers eines Hauswasseranschlusses nicht selten. Ein Gang über die Straße vor der Haustür offenbart die Vielfalt und erspart uns hier zahlreiche Worte.

Anhand von fünf Beispielen wollen wir dazu anregen, sich beim Vorbild einmal umzusehen.

Der Nachbau im Modell

Aus Holz und Kunststoff entstehen unsere Schachtdeckel in der Baugröße H0. Zunächst widmen wir uns der Herstellung eines Abstellschieberdeckels.

Von einem 1,75 mm (2 mm)-Kunststoffrundstab werden ca. 3 mm lange Stücke abgeschnitten und rostfarbig gestrichen. Zwei kleine dunkelgraue Punkte in der Mitte bilden die Anhebepunkte nach.

Ein mögliches Vorbild: Der ovale Deckel eines Hydranten.

Dieses Bild verdeutlicht, wie einfach der Deckel eines Abflussschachtes herzustellen ist. Eingebaut macht er einen hervorragenden Eindruck.

Ein Schachtdeckel mit angedeutetem Schacht vor der Montage.

Das wars, jetzt müssen die Schiebernachbildungen nur noch in vorbereitete Bohrungen im Straßen- oder Gehweggrund befestigt werden.

Ovale Hydrantendeckel werden dünn von einem 4,3 mm (4,5 mm)-Rundstab abgeschnitten, der vorher mit einer Feile in eine ovale Form gebracht wurde, die schmale Seite sollte dabei 3,1 mm dick sein. Ebenfalls rostfarbig eingefärbt und mit den Anhebepunkten versehen werden sie einfach auf die Pflasternachbildung geklebt.

Ebenfalls ganz einfach ist die Herstellung runder Betonschachtdeckel aus 6,6 mm (6 mm)-Rundholz. 3 mm lang werden auch sie in vorbereitete Bohrlöcher geklebt. Zur Feindetailierung genügt es vollkommen, die ebengefeilte Oberfläche betongrau zu streichen, die metallene Einfassung des Schachtes wird einfach seitlich rostfarbig aufgemalt. Mit sehr dünnem Karton zu einer Säule verklebt können auch freistehende Schächte oder Baugruben um Schachtanlagen dargestellt werden, auch sie sind betongrau.

Etwas schwieriger ist die Herstellung quadratischer Schachtdeckel. Für die Version mit einer runden Öffnung eignet sich ein 10 x 10 mm großer Karton. Dieser erhält in der Mitte ein 6 mm großes Loch, anschließend wird das Quadrat mit einem Messer auf eine Kantenlänge von 7 mm geschnitten, sodass an der dünnsten Stelle ein ca. 0,5 mm breiter Rand entsteht. In die 6 mm-Bohrung wird nun ein Deckel (wie oben beschrieben) geklebt. Im Anlagengrund wird ein entsprechend großes Loch gebohrt und der Deckel eingesteckt, die »Kartonmanschette« wird nur angeklebt.

Der Letzte im Bunde ist ein Abflussschacht für Regenwasser, sein Aufbau ist am schwierigsten. Grundmaterial ist ein Vierkant-Hohlprofil mit 6 mm Kantenlänge. Von diesem wird ein 5 mm langes Stück abgeschnitten und mit fünf Mittelstegen aus 0,2 mm dünnem Kunststoff versehen, sie sollten in den Schachtdeckel geklebt werden. Hier ist Fingerspitzengefühl gefragt. Aus sehr dünnem Karton oder aus Papier entsteht eine Einfassung rings um den Deckel. Das fertige Produkt erhält eine rostfarbene Patina.

Auf der Modellstraße wird mit einem kleinen Stecheisen oder feinem Schraubenzieher ein 5 mm tiefes Loch mit den Außenmaßen des Schachtes ausgehoben. Einmal mehr ist die Straßenmeisterei gefordert, um den Schacht einzubauen. Wer jetzt noch nicht genug hat, kann mit etwas glänzendem Klarlack Wasser imitieren.

Steinschlagschutz

Das Vorbild

Steinschlag gefährdet sowohl den Zug- als auch den Straßenverkehr, daher werden Straßen und Gleise an neuralgischen Punkten mit Drahtzäunen, Holzstämmen oder Bohlen vor stürzenden Felsen geschützt.

Für den Nachbau eignen sich insbesondere Schutzzäune aus Holzstämmen, deren Standpfosten aus Doppel-T-Profil erstellt sind. Zwei Unterarten sind erwähnenswert, bei der einen sind Holzstämme hinter den ca. 60 cm auseinanderstehenden Standpfosten befestigt, bei der anderen Variante sind die Rundhölzer zwischen den Standpfosten angebracht. Letztere ist etwas schwieriger herzustellen, aber häufiger anzutreffen. Die Standpfosten aus 10 x 6 cm großen Doppel-T-Profilen ragen etwa 1 m aus dem Grund, der Abstand zwischen ihnen beträgt meist 1,5 m bis 2,5 m. Dazwischen werden Rundhölzer mit mindestens 10 cm Durchmesser eingesetzt, die an den Enden flach zugesägt sind, um in das Doppel-T-Profil zu passen. Die Länge des Schutzzaunes richtet sich nach den Gegebenheiten. Zuweilen finden sich auch unterschiedlich hohe oder im Zickzack verlegte Zäune.

Der hier abgebildete Steinschlagschutz ist zur Verdeutlichung der Bauart im Rohbau belassen. Die Standpunkte beim Vorbild im Mittel- und Hochgebirge machen die Modellumsetzung interressant.

Der Nachbau im Modell

Platzmangel ist ein häufiges Problem der Modellbahnerei, daher greifen viele Modellbahner zum Nachbau von Steilhängen, um enge Modellradien oder Tunneleinfahrten glaubhaft darzustellen. Mit wenig Aufwand kann der Bastler seine Fahrzeuge in diesen Bereichen vor Steinschlag schützen.

Für den Nahbau der Schutzmauern mit zwischenliegenden Stämmen in der Baugröße H0 braucht der Bautrupp 1 - 2 mm dickes und 20 - 30 mm langes Rundholz sowie 15 mm lange Pfosten aus Kunststoff oder Messing mit 1,5 x 1 mm Querschnitt. Die Pfosten werden 4 mm tief im Anlagengrund verankert. Die Holzstäbe werden an den Enden so abgeflacht, dass sie in die Nuten der Pfosten passen und anschliessend eingeklebt. Die Standpfosten können vor dem Einsetzen der Hölzer rotbraun bis grau lackiert werden, das Holz sollte mit dünner Wasserfarbe angegraut werden.

Ähnlich aufgebaut sind Mauern, deren Holzstämme hinter den Standpfosten angebracht sind. In diesem Fall beträgt der Pfostenabstand ca. 7 mm, die ca. 35 mm langen Hölzer werden einfach hinter die Pfosten geklebt. Nach dem Einbau werden die Schutzzäune mit Gras und Büschen der Umgebung angepasst – jetzt kann den Zügen nichts mehr passieren...

Streugutkästen

Das Vorbild

Für die allwinterlich erforderlichen Streuarbeiten halten Städte, Gemeinden oder Bahnverwaltungen überall Streugut bereit, das in entsprechenden Behältern aufbewahrt wird. Neben der Vielzahl an Standplätzen gibt es auch unzählige Bauarten wie z.b. Holzverschläge und Kunststoffwannen.

Als Vorbilder dienen uns zwei verschiedene Varianten. Erstes Beispiel ist ein Holzkasten in Bretterbauweise, sein Deckel bildet auch das Dach. Die Grundfläche beträgt 100 x 70 cm, an der 90 cm hohen Vorderseite ist unten mittig eine 60 x 40 cm große Öffnung zur Entnahme des Streugutes. Die Rückseite ist 60 cm hoch, sodass sich eine nach hinten abfallende Schräge des Deckels ergibt, der Deckel selbst ist 90 cm lang, steht an der Vorderkante 20 cm über und ist hinten mit zwei Drehpunkten angeschlagen.

Die zweite Variante gibt die modernere Form eines Streugutkastens wieder. Er besteht aus einem 70 cm hohen Grundkasten mit einer Grundfläche von 80 x 50 cm. Oben ist der Kasten 100 x 70 cm groß. An der Vorderseite unten kann eine 60 x 40 cm große Öffnung zur Entnahme des Streugutes angebracht sein, an ihr ist

Jeder Bahnhof sollte genauso wie Straßen und Wege mit Streugutkästen ausgestattet sein. Dieses Vorbild steht am Bahnhof Radolfzell.

Ein alter Streugutkasten, nachgebildet im Maßstab H0 (1:87). Mit etwas Glück sind abseits breiter Hauptstraßen auch heute noch so alte Streugutkästen zu entdecken.

von innen ein leicht nach hinten laufendes Blech angebracht, das ein unkontrolliertes Austreten des Streugutes verhindert. Der 110 x 80 x 10 cm große Deckel ist gleich aufgebaut, er steht jedoch an allen Seiten über, seine Form entspricht der eines Walmdaches.

Der Nachbau im Modell

Da der Nachbau einfach ist, lohnt sich eine Serienfertigung, die Kästen können dann im Lager der Straßenmeisterei gestapelt werden. Die Maße ergeben sich aus der Umrechnung der obigen Angaben in den jeweiligen Baumaßstab.

Neben den obligatorischen Werkzeugen (Bastelmesser, Feile, Schleifpapier) braucht der Bastler Holzleim, Modellspachtelmasse und Farbe (braun, grau, grün, orange). Der Kasten in Bretterbauweise wird am besten mit schmalen Furnierstreifen um einen Holzkern aufgebaut, die Vorder und Hinterkante sollten durchlaufen. Der Deckel kann aus Karton geschnitten werden oder ebenfalls aus einem Furnierstück bestehen. Die Bretterfugen werden einfach eingeritzt, mit einem »Diagonalbrett« werden die Bretter »verschraubt«. Zwei schmale Kartonstreifen bilden die Scharnieratrappe. Üblicherweise sind derartige Kästen schwarzbraun bis grau ausgebleicht.

Der zweite Kasten wird einfach aus Balsaholz gemäß obenstehender Angaben gefeilt, fein gespachtelt und geschliffen. Der Grundkasten wird grün, der Deckel orange lackiert. Soll die untere Öffnung nachgebildet werden, genügt es, sie schräg nach innen zu schneiden und dunkelgrau abzusetzen.

Nach dem Aufstellen in der Modelllandschaft und dem »Garnieren« mit verschüttetem Streumaterial und etwas hohem Gras kann der Modellwinter kommen.

Höhlen, Museumsbergwerk

Das Vorbild

Der Tourismus ist ein wichtiger Wirtschaftsfaktor, auch und gerade in ansonsten weniger prosperierenden Regionen. Auch die Eisenbahn versucht, davon zu profitieren und bietet in touristisch interessanten Gebieten Zugfahrten an, oft auch auf Strecken, die wegen ihrer ortsfernen Lage schon längst eingestellt sind. Gerade bei Nebenbahnen liegen Bahnhöfe oft weitab der Ortschaften, für Reisende unangenehm, als Vorbild für Modellbahner aber ideal. Als Begründung für Ausflugs- und Touristenverkehr eignen sich Kuranlagen, landschaftliche Schönheiten, Seen, Burgen, Schlösser und eben auch Höhlen.

Besonders in Kombination mit einem kleinen Schlösschen oder Heilbädern im Mittelgebirge sind Höhlen bzw. deren Eingänge ein lohnendes Ziel für Kurswagen oder spezielle Züge voller Sommerfrischler.

Ebenfalls rege besucht werden alte künstliche Höhlen, die als Bergwerksmuseum ausgebaut wurden. Der Eingang eines solchen Bergwerkes ähnelt oft einem gemauerten Tunnelportal, während natürliche Höhlen meist hinter Felsspalten, in Wäldern oder in Steilhängen verborgen sind.

Der Nachbau im Modell

Ist der Standpunkt für das »Erdloch« ermittelt, sollte überlegt werden, ob ein Bergwerk (vielleicht mit einer Grubenbahn) oder eine natürliche Höhle dargestellt werden soll.

Der Eingang eines Besucherbergwerks sollte mit Mauerwerk verkleidet sein, natürliche Höhleneingänge können mit grau gefärbter Spachtelmasse modelliert werden. Ein besonde-

Der häufig besuchte Eingang einer Modellhöhle: Er besteht ausschließlich aus einer gefärbten Gips-Leimmischung, eine »Inneneinrichtung« sollte bereits vor Fertigstellung eingebaut worden sein.

res Detail stellt die Weiterführung der Höhle dar, sie kann z.b. seitlich aus der Anlagenkante wie im Querschnitt durch das Gelände wieder zum Vorschein kommen. Dann allerdings sollte sie mit Tropfsteinen, Höhlenwanderern oder der Grubenbahn ausgestaltet werden.

Als Grundbaumaterial können Pappkerne von Papierküchentüchern dienen, sie werden lackiert und mit dem gefärbten Gipsbrei ausmodelliert. Stollen werden mit Holzstützen oder Stützmauern versehen.

Geerntete Bäume

Das Vorbild

Der Wald ist in heutiger Zeit, zumindest in Deutschland, zu einer bewirtschafteten Kulturlandschaft geworden. Schnellwachsende Bäume werden in Monokulturen angepflanzt und sind nach 30-40 Jahren erntereif. Gefällt wird mit Maschinen, die Handarbeit weitgehend überflüssig machen, dadurch allerdings der Holzfällerromantik sehr abträglich sind. Dennoch ergibt eine solche Rodungsaktion ein interessantes Detail zum Ausschmücken der Modellbahnanlage. Die gefällten Bäume werden vor dem Abtransport aufgestapelt und bilden einen farbigen Blickfang auf der Wiese am Waldrand oder auf einer frisch gerodeten Lichtung. Nadelhölzer werden oft »geschält«, da ihre Rinde ein optimaler Lebensraum für Holzschädlinge wie den Borkenkäfer ist. Um den Wert der Holzstämme zu erhalten, müssen sie so gestapelt werden, dass Luft um sie streichen kann und sie den Erdboden nicht direkt berühren. Dies wird durch Unterlegen entsprechender Querhölzer erreicht. Erwähnenswert ist, dass die Stämme immer an der Unterseite des Baumes, der Sägestelle unterlegt und immer Sägestelle auf Sägestelle in gleicher Richtung gestapelt werden. Die

Vorbildlich aufgeschichtete Bäume, gut belüftet und vor Fäulnis geschützt.

oberen, dünneren Enden des Baumes berühren so nur direkt am Ende den Boden.

Der Nachbau im Modell

Das benötigte Baumaterial findet sich direkt vor der Haustüre und natürlich im Wald. Dünne Zweige und Äste sind das beste Baumaterial. Auswahlkriterien vom Originalast zum Modellstamm sind: Der Zweig sollte gerade und weitgehend astfrei sein.

Mit einer scharfen Schere oder einem Bastelmesser werden die ca.5 mm dicken Zweige auf eine Länge von ca. 20 cm geschnitten (H0). Sollen Nadelbäume dargestellt werden, müssen sie noch entrindet werden. Im Backofen bei ca. 50° C werden die Bäumchen nun ca. eine Stunde getrocknet.

Dann rücken die Waldarbeiter an und stapeln die Stämme gemäß den obigen Ausführungen bis zu max. vier Schichten übereinander. Damit sie nicht verrutschen, werden sie mit Weißleim fixiert. An passender Stelle am Wegesrand platziert, erhalten sie abschließend noch eine Alterung »al gusto«, liegt das Holz schon lange, kann es auch mit Gras und Büschen zugewachsen sein – der Sonntagsspaziergang bietet passende Anregungen.

Brennholz »à la carte«: Liebevoll hat der Besitzer seine ca. 2 Raummeter Holz aufgestapelt.

Brennholzstapel

Das Vorbild

Brennholz ist ein Abfallprodukt der »Waldindustrie«. Waldbesitzer vergeben die so genannten Flächenlose an Privatpersonen, die das übriggebliebene Holz, welches sich zur Weiterverarbeitung nicht eignet, aus dem Wald »putzen«. Bessere Stämme werden von den Waldbesitzern auch raummeterweise im Wald bereitgestellt. Diese wie auch die selbst aufgeschichteten Brennholzstapel der Flächenlosbesitzer sollten auf keiner Modellbahnanlage mit ländlichem Charakter fehlen. Auch der Hinterhof eines Anwesens eignet sich als Stapelplatz für Brennholz. Derartige Stapel können recht beachtliche Ausmaße annehmen, doch sollte der Umsetzung ins Modell ein Vorbildmaß von 4 x 2 x 1 m zu Grunde gelegt werden. Der Raummeterstapel ist 1,05 x 1 x 1 m groß. Zum Schutz vor Regen wird der Stapel mit Planen oder einem Wellblech abgedeckt.

Der Nachbau im Modell

Feine Holzstreifen aus Streichhölzern oder (besser) aus Sägefurnier sowie sehr dünne, halbierte oder geviertelte Äste sind das Aussgangsmaterial zum Herstellen der Holzstapel. Buche oder

Eiche eignen sich auf Grund ihrer Farbe besonders gut.

En Modellstapel wird gemäß der im Vorbildteil erwähnten Maße wie folgt angefertigt: Auf den Boden des zu erstellenden Holzstapels werden zwei dünne Äste gelegt. Auf sie werden nun Schicht auf Schicht die zuvor abgelängten »Modellbrennholzstücke« aus den Ästen und dem Furnier gestapelt, sie sollten zuvor in Weißleim getupft werden, damit der Stapel nicht zusammenstürzt. Eine feine Pinzette ist das wichtigste Werkzeug für diese Fleißarbeit, die beste Jahreszeit für die zugegebenermaßen etwas zeitraubende Kleinbastelei ist, wer hätte es gedacht, der Winter mit seinen langen Abenden. Setzt sich der Bastler dazu vor den Kamin oder den heimischen Holzofen, wird ihn das Knacken und Prasseln des brennenden Holzes mit Sicherheit enorm beflügeln…

Holzbrücke

Das Vorbild

Straßen oder Wege werden beim großen Vorbild häufig mit kleinen Brückenbauwerken über die Gleise geführt. Dabei entstehen die verschiedensten Bauwerke aus den unterschiedlichsten Baumaterialien und in vielen Größen und Bauarten. Ein billiger Baustoff ist Holz, der praktisch überall vorhanden und einfach zu bearbeiten ist. Früher wurden Holzbrücken meist gebaut um Feldwege oder auch Fußgängerwege über eine in einem Einschnitt verlaufende Bahnstrecke zu leiten. Oft genug gab es aber auch den umgekehrten Fall, bei dem eine Neben- oder Schmalspurbahn mit einer hölzernen Brücke über eine Straße gebaut wurde. Auf-

Moderne Holzbrücke eines Spazierweges über einen kleinen Bach. Die Breite des Bachbettes zeigt die Größe bei Hochwasser.

Kleine Holzbrücke eines Feldweges über eine eingleisige Bahnstrecke. Die fehlenden Bretter zeigen, dass die Brücke sich noch im Baustadium befindet.

grund der untergeordneten Rolle wurden die Holzbrücken bautechnisch sehr einfach gehalten, allerdings gibt es auch Ausnahmen, bei denen die Brücke sogar überdacht oder mit vielen Details verziert wurde. Auch abseits der Eisenbahn sind Holzbrücken in vielen Variationen zu finden, oft überbrücken sie dabei einen mehr oder weniger großen Wasserlauf und besitzen auch noch zusätzliche Stützpfeiler.

Der Nachbau im Modell

Für eine einfache Holzbrücke werden lediglich Vierkanthölzer oder Kaminstreichhölzer, ein dünnes Modellbauholz oder Furnierholz und aus der Restekiste zwei passende Geländer benötigt. Die Situation auf der Abbildung zeigt die Überquerung einer eingleisigen Strecke in einem gemauerten Einschnitt durch eine Nebenstraße.

Beim Bau wurde zuerst an beiden Brückenköpfen eine waagrechte Aussparung am oberen Ende der Mauerpappe geschnitten, welche die Breite der Brücke und die Höhe der Vierkanthölzer plus Furnierholz hat. Bei weichem Unterbau kann der Schnitt auch ein paar Milimeter in die Tiefe gehen, denn die Brücke hat dadurch mehr Auflage. Anschließend wurden auf diese Auflagen mehrere viereckige Hölzer als Tragebalken parallel gelegt und passend abgelängt. Vor dem Festkleben mit Holzleim wurden sie noch mit Holzbeize farblich behandelt. Auch andere Farben und Lacke sind dabei möglich, allerdings hebt Beize die Struktur des Holzes besser hervor.

Nach diesen Arbeitsgängen wurde aus der Holzplatte die Deckplatte als spätere Fahrbahn ausgesägt und nach einem Probelegen mit einem scharfen Bastelmesser in schmale Streifen geschnitten. Diese einzelnen Dielen sind dann quer über die Vierkanthölzer gelegt und angeleimt worden, nach dem Trocknen folgte wiederum eine farbliche Behandlung.

Dann folgten die bereitgelegten Geländer, die auf Brückenlänge geschnitten und in kleinste Bohrlöcher am Rande der Brücke eingeklebt wurden. Als Alternative für geübtere Bastler können die Geländer ebenfalls aus dünnen Holzleisten erstellt, eingefärbt und angeleimt werden. Zum Abschluss können noch Verkehrsschilder für die Modellautofahrer vor der Brücke postiert werden, die die Durchfahrt nur für Anlieger gestatten oder das zulässige Brückenbelastungsgewicht zeigen.

Baumschutz

Das Vorbild

Einmal im Leben sollte jeder Mensch ein Baum pflanzen... So heißt es in einem alten Spruch. Doch damit aus dem zarten Pflänzchen einmal ein großer stattlicher Baum wird, benötigt er oft genug menschliche Hilfe. Als junges Gewächs wird er daher oft an einem Holzpfosten festgebunden, damit er einerseits gerade wächst und andererseits nicht beim ersten Sturm umknickt.

In Städten und entlang von Straßen ist häufig auch eine interessante bauliche Alternative zu sehen. Mit Hilfe von zwei oder drei Pfosten wird dabei der junge Baum von mehreren Seiten geschützt und geführt. Bei der Zweipfosten-Methode steht der Baum in der Mitte zwischen den Pfosten und wird durch ein Seil gehalten, während bei der Variante mit drei Hölzern diese in einem gleichseitigen Dreieck stehen und der Baum in der Mitte. Gehalten wird er dabei selten, aber die Holzpfosten sind entweder durch Seile oder Latten am oberen Ende verbunden. In Waldnähe oder bei Gefahr des Abnagens der jungen Rinde durch Wild gibt es noch eine Abwandlung, denn zusätzlich zu den Pfosten wird um diese noch ein Zaun befestigt, damit der Stamm komplett geschützt ist.

Der Nachbau im Modell

Je nach Modellstandort lässt sich eine der drei Varianten auch im Kleinen leicht nachbilden. Die Pfosten werden dabei entweder aus echten und sehr dünnen Holzprofilen oder aus Stecknadeln nachgebildet. Die Modellpfosten werden dabei je nach Vorbildvariante mit einer Zange in den Boden genau senkrecht eingedrückt bis diese auf Vorbildmaß umgerechnet noch 1,60 m herausragen. Bei Stecknadeln kann es auch mehr sein, denn mit Hilfe eines Seitenschneiders sind sie schnell gekürzt. Danach werden sie holzbraun lackiert und der Baum an der richtigen Stelle gepflanzt. Bei Variante zwei werden die Pfosten jetzt noch mit einem aufgeklebten dün-

Wenn das Pflänzchen groß wird, wird es mal ein schöner Baum werden, aber bis dahin braucht es Schutz vor Witterungseinflüssen.

nen braunen Faden oder mit dünnen Holzprofilen verbunden. Für Bäume in Waldnähe wird um alle Pfosten noch über die gesamte Pfostenlänge ein schmales Stück Insektengitter geklebt, bis der Kreis geschlossen ist.

Baumhaus

Das Vorbild

Mit der Nachbildung eines Baumhauses vermag sich der Modellbahner eine kleine Kindheitserinnerung auf die Anlage zu holen. Baumhütten finden sich in alten oder großen Bäumen oft mehrere Meter über der Erde. Im einfachsten Fall werden Bretter lediglich im Baum festgenagelt und dienen als Sitzbank, in aufwändigeren Varianten gibt es sogar stabile Holzbuden, in denen mehrere Kinder Platz finden. Farblich bleiben die Baumhäuser oft in den Bretteroriginalfarben, allerdings gibt es auch bunt lackierte Hütten. Der Aufgang zu den kleinen Eigenheimen erfolgt über herabhängende Seile, angelegte Leitern oder am Baumstamm quer in Abständen festgeschraubte Dachlatten, beliebt, weil »sehr abenteuerlich« sind auch Strickleitern.

Modellschreibung

Ein Baumhaus im Modell ist ein außergewöhnlicher Blickfang. Ausgewählt werden sollte dafür ein großer und einzeln stehender Baum als

Grundlage. Zusätzlich werden noch Holzleistchen und Furnierhölzer benötigt und aus der Restekiste eine Leiter und eine Schnur. Wie aufwändig das Haus sein soll, bleibt dem Können und der Geduld des Einzelnen überlassen. Bei der einfachen Bauart werden kleine Holzstücke im Modell als Bretter verwendet und nach einer farblichen Behandlung in den Baum eingeklebt. Dabei sollten diese als Sitzbank mit einem Dach angeordnet werden.

Bei der aufwändigeren Methode wird außerhalb des Baumes ein kleines Häuschen aus einem Boden, Dach und drei Seitenwänden gebastelt. Diese Teile werden aus Furnierholz ausgeschnitten und entsprechend mit Holzleim verklebt und lackiert. Beim Zusammenbau muss nicht auf Perfektion geachtet werden, da echte Baumhäuser ebenfalls keine Musterhäuser darstellen, sondern eher windschief erscheinen. Danach wird die Hütte in den Baum eingesetzt und angeklebt.

Zum Schluss wird die Schnur als Seil an das Baumhaus oder einen starken Ast gebunden, damit die Jungpreiserlein auch hochklettern können, für junggebliebene Familienväter eignet sich eine Leiter vielleicht besser...

Anhang

Maßstabstabelle für vorbildliche Modellproportionen.
Diese Tabelle dient dem Vergleich der einzelnen Spurweiten zueinander und soll die Größenverhältnisse der Eisenbahn in ihrer Umwelt zeigen.

	Vorbildmaß	Spur 1	Spur 0	Spur H0	Spur TT	Spur N	Spur Z
Maßstab	1:1	1:32	1:43,5	1:87	1:120	1:160	1:220
Regelspur	1435 mm	45 mm	32 mm	16,5 mm	12 mm	9 mm	6 mm
Mindestradius	190 m	5930 mm	4360 mm	2180 mm	1580 mm	1190 mm	860 mm
Fahrzeuge							
Lok BR 044	22,6 m	706 mm	519 mm	259 mm	188 mm	141 mm	103 mm
Lok BR 212	12,1 m	378 mm	278 mm	139 mm	101 mm	76 mm	55 mm
Lok BR 110	16,4 m	512 mm	377 mm	188 mm	137 mm	103 mm	75 mm
Schnellzugwagen	26,4 m	825 mm	607 mm	303 mm	220 mm	165 mm	120 mm
4-achs Umbauwagen	19,5 m	609 mm	448 mm	224 mm	162 mm	122 mm	89 mm
gedeckter Güterwagen	10,6 m	331 mm	244 mm	122 mm	88 mm	66 mm	48 mm
4-achs Rungenwagen	19,9 m	622 mm	457 mm	229 mm	166 mm	124 mm	90 mm
Bahnsteigbreiten und Höhen							
Hausbahnsteig	mind. 400 cm	12,5 cm	9,2 cm	4,6 cm	3,3 cm	2,5 cm	1,8 cm
Inselbahnsteig	mind. 600 cm	18,8 cm	13,8 cm	6,9 cm	5 cm	3,8 cm	2,7 cm
Schüttbahnsteig einseitig	mind. 300 cm	9,4 cm	6,9 cm	3,5 cm	2,5 cm	1,9 cm	1,4 cm
Bahnsteigkante Epoche 2/3	600 mm	19 mm	13 mm	7 mm	5 mm	4 mm	3 mm
Bahnsteigkante Epoche 4	900 mm	28 mm	21 mm	10 mm	7,5 mm	6 mm	4 mm
Straßen							
geteerter Feldweg	2650 mm	83 mm	61 mm	30,5 mm	22 mm	16 mm	12 mm
Wohnstraße	4000 mm	125 mm	92 mm	46 mm	33 mm	25 mm	18 mm
Landstraße	7400 mm	231 mm	170 mm	85 mm	62 mm	46 mm	34 mm
Autobahn	10000 mm	312 mm	230 mm	115 mm	83 mm	62,5 mm	45,5 mm
Bäume und Pflanzen							
Stiel-Eiche	25 m	78 cm	57 cm	29 cm	21 cm	16 cm	11 cm
Bergahorn	35 m	109 cm	80 cm	40 cm	29 cm	22 cm	16 cm
Trauerweide	20 m	62 cm	46 cm	23 cm	17 cm	12,5 cm	9 cm
Tanne	70 m	21 8cm	161 cm	80 cm	58 cm	44 cm	32 cm
Fichte	55 m	172 cm	126 cm	63 cm	46 cm	34 cm	25 cm
Kiefer	40 m	125 cm	92 cm	46 cm	33 cm	25 cm	18 cm
Koniferen	2 m	6,25 cm	4,6 cm	2,3 cm	1,65 cm	1,25 cm	0,9 cm
Forsythie	1,2 m	3,75 cm	2,75 cm	1,38 cm	1 cm	0,75 cm	0,55 cm
Mähwiese	1 m	31 mm	23 mm	12 mm	8 mm	6 mm	4,5 mm
Menschen							
Mann	1800 mm	56 mm	41 mm	21 mm	15 mm	11 mm	8 mm
Frau	1700 mm	53 mm	39 mm	19,5 mm	14 mm	10 mm	7,7 mm
Kind	1200 mm	37,5 mm	28 mm	14 mm	10 mm	7,5 mm	5,5 mm

Normen Europäischer Modellbahnen

Umgrenzung des lichten Raumes bei gerader Gleisführung

NEM 102

Verbindliche Norm | Maße in mm | Ausgabe 1979

Diese Norm bestimmt bei Nachbildung von Regel- und Breitspurbahnen [1]) das Umgrenzungsprofil, in das kein fester Gegenstand hineinragen darf [2]), um ein berührungsfreies Verkehren von Fahrzeugen nach NEM 301 zu gewährleisten.

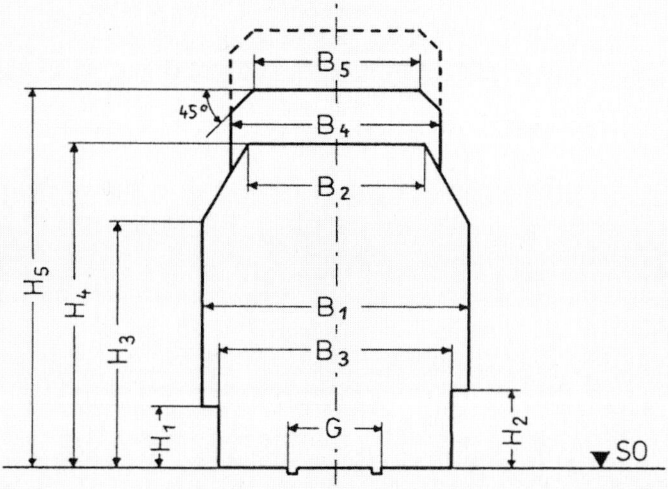

Maßtabelle

Nenngröße	G	B_1	B_2	B_3	H_1	H_2 3)	H_3	H_4	bei Fahrleitungsbetrieb 4)		
									B_4	B_5	H_5 5)
Z	6,5	20	14	18	4	6	18	24	16	13	27
N	9,0	27	18	25	6	8	25	33	22	18	37
TT	12,0	36	24	32	8	10	33	43	28	22	48
H0	16,5	48	32	42	11	14	45	59	38	30	65
S	22,5	66	44	57	15	19	60	78	50	38	87
0	32,0	94	63	82	21	27	85	109	68	52	120
I	45,0	130	87	114	30	38	118	150	93	71	165

Anmerkungen

1) Für Breitspurfahrzeuge wird nach NEM 010 die Regelspurweite G zugrundegelegt.

2) Funktionselemente und Seitenschienen für Stromspeisung dürfen in den unteren Teil hineinragen.

3) Nur für Güterrampengleise.

4) Bezüglich Fahrleitungsbetrieb siehe NEM 201 und 202.

5) Das Maß H_5 gibt die Begrenzung des lichten Raumes bei tiefster Fahrdrahtlage an. Der Fahrdraht und seine Halterung dürfen in den oberen Teil hineinragen.

Normen Europäischer Modellbahnen

Umgrenzung des lichten Raumes bei Gleisführung im Bogen

NEM 103

Seite 1/2

Verbindliche Norm **Maße in mm** **Ausgabe 1985**

Im Bereich von Gleisbögen ist die Umgrenzung des lichten Raumes nach NEM 102 außer dem Bereich des Stromabnehmers zur Bogen-Außenseite und Bogen-Innenseite hin jeweils um das Maß E in Abhängigkeit vom Bogenradius und dem zu verwendenden rollenden Material zu erweitern.

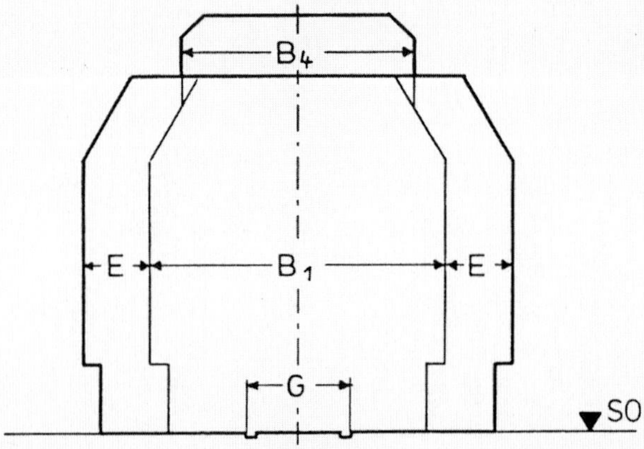

Für die Erweiterung ist der seitliche Ausschlag der Fahrzeuge bestimmend. Den größten seitlichen Ausschlag weisen Drehgestellwagen zur Bogen-Innenseite hin auf. Die Länge des jeweils eingesetzten Drehgestellwagens ist somit ausschlaggebend für die Größe des Maßes E.

Die Drehgestellwagen werden zu diesem Zweck in drei Gruppen unterteilt:

Wagengruppe A
mit bis zu 20,0 m Kastenlänge und 14,0 m Drehzapfenabstand,

Wagengruppe B
mit bis zu 24,2 m Kastenlänge und 17,2 m Drehzapfenabstand,

Wagengruppe C
mit bis zu 27,2 m Kastenlänge und 19,5 m Drehzapfenabstand.

Anmerkung:

Verkürzte Modelle der Wagengruppe C (z.B. bei Nenngröße H0 im Längenmaßstab 1:100) sind ggf. der Wagengruppe B zuzuordnen.

Die **Grenzmaße für die Wagenkastenlänge** entsprechen folgenden Modellmaßen:

Nenngröße ⟶	Z	N	TT	H0	S	0	I
Wagengruppe A	91	125	167	230	313	460	625
Wagengruppe B	110	151	202	278	378	556	756
Wagengruppe C	124	170	227	313	425	625	850

Die Maße für die Erweiterung E sind der Tabelle auf Seite 2 zu entnehmen. Der Wert für die Wagengruppe A soll nach Möglichkeit nicht unterschritten werden, auch wenn keine Drehgestellfahrzeuge vorhanden sind.

Maße in mm Ausgabe 1985

Maßtabelle für E

Nenngröße →	Z			N			TT			H0			S			0			I		
Radius des Gleisbogens	Wagengruppen																				
	A	B	C	A	B	C	A	B	C	A	B	C	A	B	C	A	B	C	A	B	C
175	2	3	5	4	/	/	/	/	/	/	/	/	/	/	/	/	/	/	/	/	/
200	2	3	4	4	6	/	/	/	/	/	/	/	/	/	/	/	/	/	/	/	/
225	2	2	4	3	5	7	/	/	/	/	/	/	/	/	/	/	/	/	/	/	/
250	1	2	3	3	5	6	6	/	/	/	/	/	/	/	/	/	/	/	/	/	/
275	1	2	3	3	4	6	5	8	/	/	/	/	/	/	/	/	/	/	/	/	/
300	1	2	3	2	4	5	5	7	10	/	/	/	/	/	/	/	/	/	/	/	/
325	1	1	2	2	3	5	4	6	9	9	/	/	/	/	/	/	/	/	/	/	/
350	1	1	2	2	3	4	4	6	8	8	12	/	/	/	/	/	/	/	/	/	/
400	0	1	2	1	2	4	3	5	7	7	11	14	/	/	/	/	/	/	/	/	/
450	0	1	1	1	2	3	3	4	6	6	9	12	12	/	/	/	/	/	/	/	/
500	0	0	1	1	1	3	2	4	5	5	8	11	10	16	/	/	/	/	/	/	/
550	0	0	1	0	1	2	2	3	4	4	7	10	9	14	19	/	/	/	/	/	/
600	0	0	1	0	1	2	1	3	4	4	6	9	8	13	17	19	/	/	/	/	/
700	0	0	0	0	0	2	1	2	3	3	5	7	7	11	15	16	25	/	/	/	/
800	0	0	0	0	0	1	0	2	3	3	4	6	6	9	13	14	22	29	/	/	/
900	0	0	0	0	0	1	0	1	2	2	3	5	5	8	11	12	19	25	23	/	/
1000	0	0	0	0	0	0	0	1	2	2	3	4	4	7	9	10	17	22	20	31	/
1200	0	0	0	0	0	0	0	0	1	1	2	3	3	5	7	8	14	18	16	25	34
1400	0	0	0	0	0	0	0	0	1	1	2	2	2	4	6	7	11	15	13	21	28
1600	0	0	0	0	0	0	0	0	1	0	1	2	2	3	5	6	9	13	11	18	24
1800	0	0	0	0	0	0	0	0	0	0	1	1	1	2	4	5	8	11	9	15	21
2000	0	0	0	0	0	0	0	0	0	0	0	1	1	2	3	4	7	9	7	13	18
2500	0	0	0	0	0	0	0	0	0	0	0	0	0	1	2	3	5	7	5	10	13
3000	0	0	0	0	0	0	0	0	0	0	0	0	0	1	1	2	3	5	3	7	10

In der Übergangszone zum Gleisbogen ist die Erweiterung der Umgrenzung des lichten Raumes der Skizze entsprechend vorzusehen.

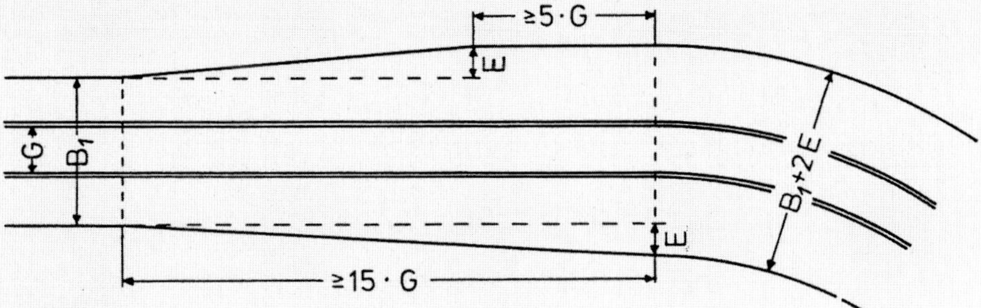

Anmerkung

Gleisabstände im Bogen sind nach NEM 112 zu bemessen.

Normen Europäischer Modellbahnen **Profillehre für Nenngröße HO**	Beiblatt 1 zu NEM 102 / 103

Ausgabe 1984

1. Zweck

Mit Hilfe einer Profillehre läßt sich die Einhaltung des lichten Raumes sowohl in der Geraden als auch im Gleisbogen überprüfen.

2. Form und Ausführung der Lehre

Die Profillehre besteht aus zwei seitlich gegeneinander verschiebbaren Scheiben, die dem Umgrenzungsprofil nach NEM 102 ohne den Raum für Fahrleitungsbetrieb entsprechen. Sie werden durch eine Rändelschraube zusammengehalten.

Die eine der beiden Scheiben besitzt zwei Zapfen zur Arretierung auf dem Gleis. An der oberen Abschrägung ist in Form zweier Kerben das Maß B_4 für Fahrleitungsbetrieb markiert.

Die zweite verschiebbare Scheibe enthält an beiden Außenseiten eine Skala zum Ablesen des Wertes E nach NEM 103.

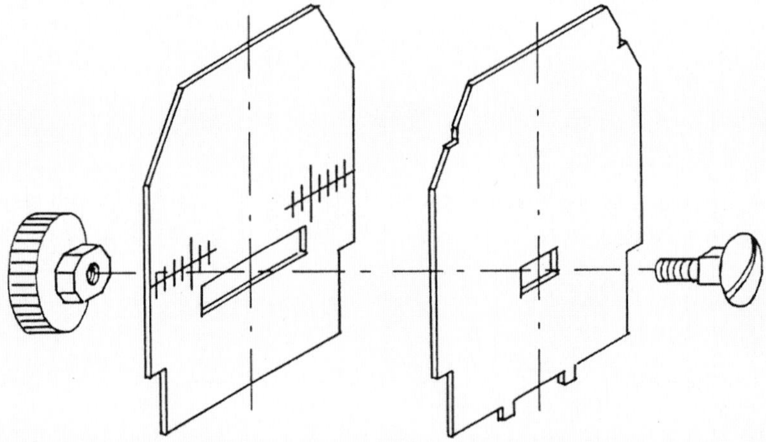

Der Profillehre wird vom Hersteller eine Gebrauchsanleitung beigegeben, aus der die wichtigsten Daten nach NEM 102/103 ersichtlich sind.

Die Lehre wird von der Firma

Sommerfeldt
Friedhofstraße 42
D-7321 Hattenhofen

hergestellt und kann unter der Bestell-Nummer 100 über den Modellbahn-Fachhandel bezogen werden.

Normen Europäischer Modellbahnen

Umgrenzung des lichten Raumes bei Schmalspurbahnen

NEM 104

Empfehlung — **Maße in mm** — Ausgabe 1980

Diese Norm bestimmt bei Nachbildung von Schmalspurbahnen mit Spurweiten zwischen 650 und 1250 mm[1]) das Umgrenzungsprofil, in das kein fester Gegenstand hineinragen darf, um ein berührungsfreies Verkehren der Fahrzeuge zu gewährleisten.

Bei elektrischen Bahnen mit Oberleitungsbetrieb ist das Lichtraumprofil entsprechend den Erfordernissen zu erweitern.

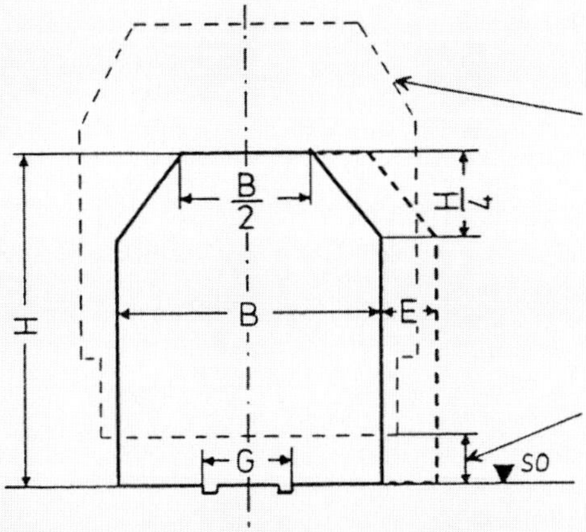

Maßtabellen

Nenngröße	Spurweite	H	B
Nm	6,5	26	22
TTm	9,0	34	28
H0m	12,0	48	38
Sm	16,5	64	52
0m	22,5	90	74
Im	32,0	126	104
II m	45,0	178	146

Nenngröße	Spurweite	H	B
TTe	6,5	32	26
H0e	9,0	46	36
Se	12,0	60	50
0e	16,5	86	70
Ie	22,5	120	98
II e	32,0	170	138

Die Breitenmaße des Lichtraumprofils gelten nur für gerade Gleisführung.

Im Bereich von Gleisbögen ist das Lichtraumprofil zur Bogen-Außenseite und Bogen-Innenseite hin in Abhängigkeit vom Bogenradius und dem verwendeten rollenden Material jeweils um das Maß E zu erweitern.

Das Maß E kann durch Versuche ermittelt oder durch folgende Formel errechnet werden:

$$E = R - \sqrt{R^2 - \left(\frac{A}{2}\right)^2}$$

Es bedeuten:
E = Erweiterung des Lichtraumprofils
R = Radius des Gleisbogens
A = fester Radstand bzw. Drehzapfenabstand des längsten Fahrzeuges

Anmerkung

1) Siehe NEM 010, Zusatzzeichen „m" und „e".

Normen Europäischer Modellbahnen	NEM
Begrenzung der Fahrzeuge	**301**

Verbindliche Norm **Maße in mm** **Ausgabe 1979**

Die dargestellte Fahrzeugbegrenzung gilt für Nachbildungen europäischer Regelspur- und Breitspurfahrzeuge.

Modelle von Vorbildfahrzeugen sind möglichst maßstäblich zu bauen. In jedem Fall müssen sich alle Teile, auch abgesenkte Stromabnehmer [1]), innerhalb der Begrenzung befinden.

Funktionselemente für Stromabnahme, Sicherungs- und Entkupplungseinrichtungen und dergleichen dürfen in den schraffierten Raum über der Schienenoberkante hineinragen.

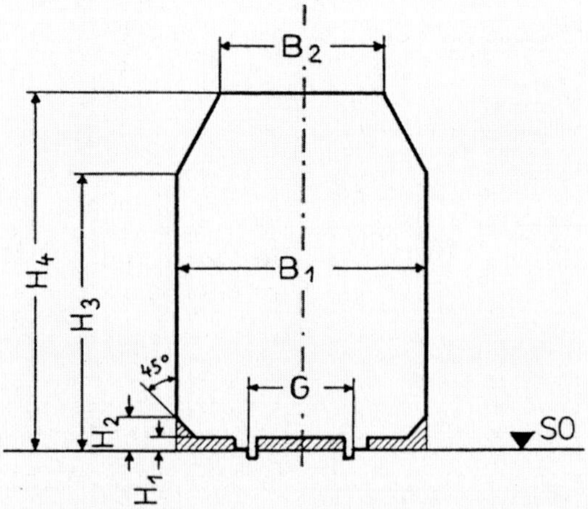

Maßtabelle

Nenngröße	G	B_1	B_2	H_1	H_2	H_3	H_4
Z	6,5	17	11	1	2	17	23
N	9,0	23	14	1	3	24	32
TT	12,0	30	18	1,5	4	32	42
H0	16,5	40	26	2	5	44	57
S	22,5	54	35	3	7	59	75
0	32,0	78	48	4	10	83	106
I	45,0	110	68	5	13	115	146

Anmerkung

[1]) Begrenzung des Arbeitsraumes der Stromabnehmer siehe NEM 202.

Die Modellbahn-Werkstatt

Georg Kerber/Andreas Stirl
Weichen & Kreuzungen auf Modellbahnanlagen
An Weichen und Kreuzungen fliegen Züge öfters aus der Schiene. Häufigste Ursache: falsch verlegte Gleisverbindungen. Hier verraten Profis alles über den sicheren Fahrbetrieb – Ratschläge von der Planung über den Kauf des Gleismaterials bis zum Umbau handelsüblicher Schwellenroste und Herzstücke.
136 Seiten, 118 Bilder, davon 23 in Farbe, 58 Zeichnungen
Bestell-Nr. 71059 € 16,–

Georg Kerber/Andreas Stirl
Signale und Fahrleitungen auf Modellbahnanlagen
Der Bau von Fahrleitungen ist auch auf der Modellbahnanlage eine Wissenschaft für sich. Mancher Modellbahner bekommt angesichts des Drahtverhaus feuchte Hände. Das Buch schafft Abhilfe. Es stellt die Oberleitungssysteme und Signale der großen Eisenbahn vor und erklärt die Umsetzung ins Modell.
128 Seiten, 150 Bilder, davon 30 in Farbe
Bestell-Nr. 71075 € 16,–

Ralf Reinmuth/Gerald Wirag, **Modellbahn-Basteleien Band 2**
Wissen Sie, wie man ein Schotterbett vorbildgetreu mit Schwellen abstützt? Sollen die Schrebergärten ihrer Modellbahn ein Häuschen mit Herz erhalten? Nach dem Erfolg von Band 1 ihrer »Modellbahn-Basteleien« öffnen die Autoren erneut ihre Trickkiste. Darin finden sich weitere Details, die auf keiner Anlage ihre Wirkung verfehlen.
128 Seiten, 116 Farbbilder, 10 Zeichn. **Bestell-Nr. 71169 € 16,–**

Georg Kerber/Andreas Stirl
Planen und Bauen von Modellbahnanlagen
Das Einmaleins des Modellbaus – von vom Gleisplan bis zur perfekten Landschaft.
128 Seiten, 151 Bilder, davon 27 in Farbe
Bestell-Nr. 71027 € 16,–

Georg Kerber/Andreas Stirl
Gleisbau auf Modellbahnanlagen
Das Know-how für den perfekten Oberbau und Unterbau. Dazu viele Infos übers Vorbild.
136 Seiten, 166 Bilder, davon 30 in Farbe
Bestell-Nr. 71034 € 16,–

Georg Kerber/Andreas Stirl
Erlebnis Modelleisenbahn
Hier steht alles über 12 Top-Anlagen, von der knuffigen TT-Bahn bis zur H0-Clubanlage in einem Eisenbahnwagen.
112 Seiten, 119 Farbbilder, 9 Zeichnungen
Bestell-Nr. 71070 € 16,–

Joachim Schnitzer
Profi-Tipps für die Modellbahn-Werkstatt
Manchmal hilft dem Modellbahner bei seinen Plänen nur eines – selbst bauen. Joachim Schnitzer zeigt, wie es geht.
160 Seiten, 150 Bilder
Bestell-Nr. 71201 € 19,90

IHR VERLAG FÜR EISENBAHN-BÜCHER

Postfach 10 37 43 · 70032 Stuttgart
Telefon (07 11) 2108065 · Fax (07 11) 2108070

trans press

Stand August 2002
Änderungen in Preis und Lieferfähigkeit vorbehalten